实验动物科学丛书

丛书总主

VII 实验动物

动物生物安全实验室操作指南

瞿 涤 鲍琳琳 秦 川 主编

科 学 出 版 社

北 京

内 容 简 介

中国实验动物学会动物生物安全专业委员会组织全国从事生物安全和高致病病原体操作的优秀专家，起草了这本指导手册，用于动物生物安全实验室人员的培训，指导动物生物安全实验室的管理、培训、操作和检查。本手册适用于动物实验相关专业人员学习、培训和起草相关文件使用，可以帮助生物安全相关领域的一线工作人员或管理人员识别关键风险点，进行科学的风险评估，撰写风险评估报告，提出相应的风险控制措施等。使用者可以参考本手册，根据各自实验室的特点和实验设计的要素组织相关培训，撰写标准操作规程（SOP）。希望本手册对从事不同级别动物生物安全实验室相关工作的人员有一定的参考价值，手册存在的不足也将随着实践和使用人员的建议而不断修正，以进一步提升本手册的水平和应用价值。

本手册是中国实验动物学会编制的“实验动物科学丛书”之一，其他指南涉及实验动物福利伦理、实验动物育种、动物模型研制、实验动物质量检测、动物实验技术等方面的内容，也将陆续与广大读者见面。

图书在版编目 (CIP) 数据

动物生物安全实验室操作指南/瞿涤，鲍琳琳，秦川主编. —北京：科学出版社，2020.4

（实验动物科学丛书 / 秦川总主编）

ISBN 978-7-03-063488-7

Ⅰ. ①动…　Ⅱ.①瞿…　②鲍…　③秦…　Ⅲ. ①实验动物–生物工程–实验室–安全技术–指南　Ⅳ. ①Q95-33

中国版本图书馆 CIP 数据核字(2019)第 265004 号

责任编辑：罗　静　岳漫宇 / 责任校对：张林红

责任印制：吴兆东 / 封面设计：图阅盛世

科 学 出 版 社 出版

北京东黄城根北街 16 号

邮政编码：100717

http://www.sciencep.com

北京凌奇印刷有限责任公司印刷

科学出版社发行　各地新华书店经销

*

2020 年 4 月第　一　版　开本：890×1240 1/32

2024 年 9 月第三次印刷　印张：3 7/8

字数：108 000

定价：98.00 元

(如有印装质量问题，我社负责调换)

《动物生物安全实验室操作指南》编写人员名单

丛书总主编：

秦　川

主　　　编：

瞿　涤　复旦大学基础医学院

鲍琳琳　中国医学科学院医学实验动物研究所

秦　川　中国医学科学院医学实验动物研究所

编 写 人 员：

邓　巍　中国医学科学院医学实验动物研究所

关云涛　中国农业科学院哈尔滨兽医研究所

吴东来　中国农业科学院哈尔滨兽医研究所

唐江山　中国农业科学院兰州兽医研究所

周晓辉　上海公共卫生临床中心

高　虹　中国医学科学院医学实验动物研究所

丛书总序

实验动物科学是一门新兴交叉学科，它集成生物学、兽医学、生物工程、医学、药学、生物医学工程等学科的理论和方法，以实验动物和动物实验技术为研究对象，为相关学科发展提供系统生物学材料和相关技术。实验动物科学不仅直接关系到人类疾病研究、新药创制、动物疫病防控、环境与食品安全监测和国家生物安全与生物反恐，而且在航天、航海和脑科学研究中也具有特殊的作用与地位。

虽然国内外都出版了一些实验动物领域的专著，但一直缺少一套能够体现学科特色系列丛书，来介绍实验动物科学各个分支学科、领域的科学理论、技术体系和研究进展。

为总结实验动物科学发展经验，形成学科体系，从2012年起就计划编写一套实验动物的科学丛书，以展示实验动物相关研究成果，促进实验动物学科人才培养，有助于行业发展。

经过对系列丛书的规划设计后，我和相关领域内专家一起承担了编写任务。该丛书由我总体设计、规划、安排编写任务，并担任总主编。组织相关领域专家，详细整理了实验动物科学领域的新进展、新理论、新技术、新方法，是读者了解实验动物科学发展现状、理论知识和技术体系的不二选择。根据学科分类、不同职业的从业要求，丛书内容包括I实验动物管理、II实验动物资源、III实验动物基础、IV实验动物医学、V比较医学、VI实验动物福利、VII实验动物技术、VIII实验动物科普系列，共计8个系列。

本书为VII实验动物技术系列中的《动物生物安全实验室操作指南》，本指南围绕动物生物安全实验室特点和用途进行分析和总结，总结出关于动物生物安全实验室管理、培训、操作和检查方面的经验，例如什么是关键风险点，以及如何识别、如何评估和如何制定相应预防措施等方面的原则、方法和实施措施。

本指南是系统指导动物实验生物安全管理和操作的手册，为动物实验相关专业人员学习、培训和起草相关文件提供信息和指南，可以帮助生物安全相关领域的一线工作人员或管理人员撰写实验室操作的相关文件并可指导具体操作和管理活动。本书是从事实验动物领域工作的科技和管理人员的理想读物。

总主编　秦川 教授
中国医学科学院医学实验动物研究所所长
北京协和医学院比较医学中心主任
中国实验动物学会理事长
2019年8月

序

迄今为止，传染病依然是严重威胁生命健康和生物安全的头号杀手。传染病动物实验是病原体鉴定、传播预警、疾病研究、疫苗和药物评价等不可或缺的研究手段，是传染病学科和医药行业赖以发展、生命健康和生物安全得以保障的基础。动物生物安全实验室是用于保障传染病动物实验安全的科研设施和设备，可以保护人员、动物和样本的安全，保障周围环境的安全，是从事病原体感染动物实验和传染病防控研究的基本条件。发达国家多建立了不同等级的高水平动物生物安全实验室，而我国的动物生物安全实验室工作起步较晚，中国医学科学院医学实验动物研究所在 1994 年建成了国内第一个动物生物安全实验室，在 10 余年后将其改建为动物高等级生物安全实验室，在重症急性呼吸综合征（SARS）防控中发挥了实验堡垒作用，在这个过程中，工作人员逐渐积累了经验，建立了动物生物安全实验室管理和操作体系。

规范的动物生物安全实验室管理和操作体系可以消除传染病动物实验中的安全隐患，避免污染环境，并保障动物实验的技术规范和动物福利伦理，从而使科学研究严谨、准确、可信。但是，如果管理或操作不当，就会造成人为的污染，导致环境、生命和财产的重大损失，导致不可挽回的严重后果。如何识别传染病动物实验中的风险？如何防范风险？需要有规范的管理和人员培训。然而，至今为止，国内外尚无系统指导动物实验生物安全管理和操作的手册。

因此，中国实验动物学会动物生物安全专业委员会组织全国从事生物安全和高致病病原体操作的优秀专家，起草了这本指导手册，用于动物生物安全实验室人员培训，指导动物生物安全实验室的管理、培训、操作和检查。该手册适用于动物实验相关专业人员学习、培训和起草相关文件使用，可以帮助生物安全相关领域的一线工作人员或管理人员识别关键风险点，进行科学的风险评估，撰写风险评估报告，提出相应的风险控制措施等。使用者可以参考该手册，根据各自实验室的特点和实验设计的要素组织相关培训，撰写标准操作规程（SOP)。希望该手册对从事不同级别动物生物安全实验室相关工作的人员有一定的参考价值，手册存在的不足也将随着实践和使用人员的建议而不断修正，以进一步提升该手册的水平和应用价值。

该手册是中国实验动物学会编制的“实验动物科学丛书”之一，其他指南涉及实验动物福利伦理、实验动物育种、动物模型研制、实验动物质量检测、动物实验技术等方面的内容，也将陆续与广大读者见面。该书受益于国家重点研发计划（2016YFD0500304)、“十三五”传染病重大专项（2017 ZX10304402-001）和北京协和医学院双一流学科建设项目的资助，一并致谢。

中国实验动物学会

2019年8月9日

目　　录

第一章　动物生物安全实验室风险评估

一、生物安全实验室风险评估概述

风险评估是病原微生物实验室生物安全风险控制及风险管理的基础。风险评估应始于实验室设计建造之前，贯穿于实验活动之中（实时评估），或存在于实验操作程序需要改变时。根据风险评估结论，确定实验室生物安全防护的等级及风险控制措施。风险评估是一个动态的过程，当实验室研究内容和技术方法有改进、对自然规律的认识及国家法律法规改变时均需进行生物安全风险的再评估。由此可见，风险评估在科学风险管理中具有重要作用。

动物生物安全实验室与普通生物安全实验室不同，其特点在于：在进行病原微生物操作的基础之上，还需加上动物感染实验的相关操作或处理感染动物，涉及动物伦理、实验前后动物的处置，加之动物行为的不可控性，因此在进行动物生物安全实验室风险评估时所考虑的因素及关键点更为复杂。

风险评估应以国家法律、法规、标准、规范，以及权威机构发布的指南、数据等为依据，由具有经验的不同领域的专业人员（不限于本机构内部的人员）参与。风险评估的步骤主要包括：风险识别、风险分析和风险评价，即识别潜在的风险，分析风险发生的可能性，评价风险发生可能产生的后果及其严重程度。

在风险识别、分析和评价的基础之上，制定有针对性的控制措施及生物安全相关管理制度，并将风险及风险控制措施写入实验标准操作规程（SOP），减少实验室感染事件的发生概率，将工作人员暴露和环境污染的风险限制在可控范围。

二、动物生物安全实验室的风险评估关键点

虽然动物生物安全实验室不同于普通生物安全实验室，但在进行感染动物实验时包括了病原微生物的操作。因此对动物生物安全实验室进行风险评估时，应首先考虑所操作病原微生物的特性。

1. 病原微生物特性与风险评估

在进行风险评估时，应系统收集有关病原微生物的专业知识、数据、实际操作和实验室感染案例以确定潜在风险。

（1）病原微生物危害程度分类

病原微生物危害程度分类是生物安全风险评估的主要依据之一。我国卫生部（现国家卫生健康委员会）制定的《人间传染的病原微生物名录》（以下简称《名录》）及农业部（现农业农村部）颁布的《动物病原微生物分类名录》不仅包括了我国对病原微生物危害程度的分类，还规定了不同实验操作和动物感染实验所需的生物安全防护水平及运输的包装要求。不在病原微生物名录之中者则需要参阅其他信息以获得危害等级的指导，并通过病原微生物实验室生物安全专家委员会的讨论认可。

（2）病原微生物的生物学特性

病原微生物生物学特性应包括：①形态和结构；②培养特性；③遗传变异；④致病性和毒力及致病机制；⑤在外环境中的生存能力及对不良因素的抵抗力（日光、紫外线、温度、干燥等）；⑥对消毒灭菌处理的敏感性（辐射、加热、消毒剂）；⑦抗原性及获得性保护性免疫应答；⑧微生物学检测方法；⑨与其他生物和环境的相互作用。

（3）病原微生物自然宿主和传播途径

病原微生物自然感染宿主包括储存宿主、中间宿主或终末宿主。需

要关注是否在动物与动物、动物与人、人与动物、人与人之间传播，特别关注实验动物感染的可能性。病原微生物自然传播途径：呼吸道（气溶胶、飞沫等）、消化道、泌尿生殖道、皮肤黏膜、破损皮肤、昆虫叮咬或动物咬伤，以及经胎盘、产道等途径传播。病原微生物实验室传播途径：实验活动过程中因操作不当可造成感染，如感染性材料操作时产生气溶胶、锐器的刺或扎伤、食入、皮肤黏膜及其他腔道黏膜感染，以及在操作感染动物实验时被咬伤、抓伤等。病原微生物能感染的最低剂量：应收集专业资料了解某些病原微生物的感染剂量或致死剂量（不是所有病原微生物具有相关资料）。

（4）病原微生物感染的临床表现

不同类型的病原微生物的致病机制不同，所致疾病的临床表现也存在异同。实验室感染的监控中可将感染者的症状、体征作为感染监测的重要指标，还应包括感染剂量、入侵部位、潜伏期、临床症状及疾病进程快慢、并发症、疾病转归和预后等。感染后的结果包括痊愈或转为慢性感染、不可逆后遗症、死亡等。

（5）感染的诊断、治疗与预防

1）诊断　用现有的检测方法（免疫学、微生物学与分子生物学等）分析和评估是否发生感染以及确诊感染何种病原微生物。选择合适的实验室监测方法和指标早期确定感染的可能性，以便及时隔离和控制感染的扩散。如果采用自建方法，应与其他检测方法比较确定其可靠性。

2）治疗　应根据所开展研究内容提前准备有效的治疗药物或抗血清、有效的治疗方案、出现耐药病毒或细菌时可靠的备用方案。此外，还应考虑研究机构所在地具备有效治疗措施的就近医院及定点医院的能力。

3）预防　应根据所开展研究内容要求所有实验参与人员在开展实验活动前注射预防性疫苗，选择安全、有效、方便获得的疫苗。如果没有特异性的疫苗，需要选择可产生交叉保护的疫苗。如果没有交叉保护疫苗需要根据治疗措施准备治疗药物或急救药物以备需要时使用。

（6）实验室发生事故的分析

①实验室感染或医院感染事件的分析：鉴于实验室感染事件数据难以收集，可收集医院内感染情况作为实验室感染事件监测与治疗的参考数据。②收集本实验室曾经发生的实验室事故或者同类型实验室事故，描述事故的类型、产生原因、发生频率、事故处理与人员感染情况、后果等，可为风险分析提供相关数据，同时分析发生的原因与处置方式可为制定防范措施与应急预案提供参考依据。

（7）基因操作技术的风险分析

分析重组病毒、重组细菌及其他所有基因操作技术是否可能导致微生物的宿主范围扩大、毒力变化或对已知有效的治疗药物敏感性发生改变，以及哪些操作或针对哪些基因的操作可能导致病原微生物致病性和传染性改变，产生新的风险。同时评估可能产生的风险，是否是可防、可控、可接受的风险，做好相应的防御措施和应急预案。

2. 病原微生物动物感染实验的风险评估

通常根据特定病原微生物的危害程度分类和实验活动内容，来确定拟采用的相应级别的生物安全防护水平。然而，多数实验室事故均在进行实验活动中产生，因此实验活动是风险评估中最为核心的环节。对同种病原微生物开展不同实验活动时，所产生的潜在风险不同，且实验活动涉及具体操作步骤和可能产生风险的环节，需要实验操作人员主动积极参与风险评估。

（1）实验项目的风险评估

在开展实验活动之前需要对实验项目进行风险评估，以确定本实验室是否可以开展相关实验活动。实验项目评估内容包括：①拟开展实验项目所涉及的病原微生物；②实验项目中需要进行的实验或检测方法（操作程序）；③实验活动中哪些具体步骤可产生气溶胶或对操作者、外环境中人群或动物有潜在风险，危害发生概率及可能涉及的范围、性质和时限；④拟采用消除或降低风险的控制措施（包括 SOP）的有效性。实验项目的风险评估需综合拟进行研究或检测目标病原微生物的有关背景资料及实验活动可能产生的危害，得出实验活动风险评估的结论。

（2）病原微生物学实验操作的评估要点

1）所操作病原微生物的感染剂量及浓度　①所用菌（毒）株的致病性，所操作病原微生物的致病性、感染剂量、毒力、入侵途径等。②所操作病原微生物的浓度，所操作病原微生物的浓度和其可能产生的危害程度的密切相关。病原微生物在临床样本中浓度低，而在培养物中或易感动物中浓度高（经扩增），因此临床样本的操作风险小于培养物或感染动物。如果需要大量扩增病原微生物，生物安全委员会应对拟开展的实验活动内容进行评估，选择适合的操作程序及防止扩散的仪器和设施。

2）实验操作　根据实验项目，对具体实验操作步骤进行评估，包括传输途径是否可能产生气溶胶和发生溅洒、漏滴、跌落或打碎等，灭活是否彻底等风险及与实验活动相关的菌（毒）种保藏与运输风险，针对识别的风险采用制定的控制措施来降低风险。

3）实验活动中仪器的使用和操作　应考虑在处理病原微生物感染性材料时所使用的仪器，如搅拌机、离心机、匀浆机、振荡机、超声波粉碎仪和混合仪等，确定仪器设备的实验步骤是否可能产生气溶胶，以及如何控制和防范，如出现故障，可能产生什么风险，应采取何种处置措施。

4）实验活动相关的设备使用和操作　生物安全实验室常用设备包括普通冰箱、低温冰箱、培养箱及安全柜等。在评估实验活动风险时应考虑：①病原微生物培养与储藏设备的安全性、在培养与储藏过程中可能发生的泄漏风险、泄漏处置过程中的风险；还需要注意在设备出现故障时及样品转移过程中的风险等。②生物安全柜的选型安装及摆放位置是否满足排风要求，故障时（柜内正压或柜内操作发生溅洒）可能产生的风险。③高压蒸汽灭菌器的性能、选型规模是否与实验活动相适应，以及高压蒸汽灭菌器灭菌效果的验证等。

（3）病原微生物感染动物实验的风险评估要点

涉及病原微生物感染的动物实验室，除应考虑上述微生物实验室相关风险评估要素外，还应考虑动物实验的特点。

1）实验动物的危害　充分考虑不同实验动物的特点，以及其可能携带的病原微生物情况。可参考病原微生物基本特性的相关背景资料，重点了解其传播途径及动物与动物、动物与人、人与动物之间的传染性，不同动物的攻击性和抓咬倾向性等因素，并进行风险评估。实验动物等级有基础级、SPF（specific pathogen free）级和无菌动物。实验动物的品种、来源不同，其危害程度也有所不同。因此，在开展动物实验时应了解：①动物的类型，如小鼠、大鼠、豚鼠等啮齿类动物，犬、猪、牛、羊及非人灵长类动物等的生物特性与攻击性（特别是其可能攻击操作者的方式）。②动物自然携带寄生虫、病原及过敏原的可能性，使用野外捕捉的野生动物时应考虑潜伏感染的可能性。③感染动物排出病原微生物的风险，动物在实验和饲养过程中通过呼吸、排泄、毛发、抓咬、挣扎、逃逸等对人与环境的影响。此外，随实验所用动物的数量增加，生物安全风险也会相应增加，需要进行评估。

因此，在开始实验前应该进行隔离检疫，以确保新引进的实验动物不带病原微生物。新引进动物检疫时间，啮齿类动物一般实行 1 周隔离，犬、猫为 3 周，兔类为 2 周，非人灵长类动物为 4 周。具体检疫时间应遵照我国《动植物检验检疫法》的规定执行。新引进的啮齿类动物，应有供应商提供的实验动物质量合格证书、最新健康检测报告，并检查运输的包装、运输途中是否被病原微生物污染。兔、犬和猫等动物也要有供应商提供的健康报告，并应接种过常见传染病疫苗。特别要注意野外直接捕获非人灵长类动物的检疫。

2）动物感染实验的相关风险　动物感染操作涉及动物麻醉、给药、采集样本、安乐死和解剖检查（剖检）。应评估实验中微生物的毒力、容量和浓度、接种途径及以何种途径被排出，至少根据以下内容对各实验步骤与具体操作进行风险识别、风险分析和风险评估，以确定相应的防范措施及预期效果。①感染方式的风险分析，包括采用气溶胶、注射（静脉、腹腔、颅内、肌肉、皮内、皮下）、口服、滴鼻、气管植入等方式进行感染的风险。②更换垫料或笼具及排泄物与废物处置过程的风险。③采集血液、体液和动物咽拭子等操作过程产生的风险，以及处理检测血液、体液和动物咽拭子样本可能产生的风险。④动物安乐死剖检、样本采集、病原微生物分离操作过程的风险，以及动物脏器组织、动物尸体及病原分离培养物的处理风险。⑤注射器、针头和解剖刀具的使用在动物感染实验中的风险。⑥操作时，因动物麻醉不彻底导致其挣扎而抓伤或咬伤操作者或逃逸的风险。⑦感染动物饲养的风险，动物换盒、更换垫料和清理排泄物等过程中，会出现动物逃逸、产生气溶胶、排泄物迸溅到操作者身上等风险，需要根据动物是否感染和动物种类做好预防措施，防止动物逃逸、减少更换垫料产生的气溶胶，操作者穿戴合适的防护装备防止被动物排泄物喷溅。⑧防范动物感染操作及感染动物饲养中所产生的气溶胶。

工作人员有被动物源性病原体感染的风险——人兽共患病。人兽共患病按照世界卫生组织（WHO）和联合国粮食及农业组织（FAO）的定义是指“人和脊椎动物由共同病原体引起、在流行病学上有关联的疾病”。因其种类繁多，传播迅速，极易造成大流行，又无特效疗法，因此需要重点防范。

3）动物感染实验的仪器使用风险　除了上述病原微生物操作中的相关仪器外，在动物感染实验中常使用的仪器还有液氮罐（冷冻样本）、组织研磨器、超声处理器及病理样本的处理器等，因此需要进行相应风险评估，如自液氮罐取样和样本存储的风险、滴漏的风险，动物组织研磨时气溶胶的产生、滴漏和容器破裂等风险。

4）化学性危害　动物生物安全实验室使用的化学物品要多于其他生物安全实验室，涉及麻醉品及动物安乐死的药品，因此实验室应制定化学品安全数据单（material safety data sheet，MSDS），对化学品的危害、处理程序、急救设备等详细描述。麻醉剂要实行专人管理。麻醉品应根据动物生物特性进行选择，避免动物麻醉过量而死亡，应配备相应麻醉解药。消毒剂和清洁剂使用时，应选择对人和动物无害或危害低的试剂，应对盛放容器进行标记（通用的中英文名称及成分、配制时间和浓度），评估使用时是否需要戴口罩和手套。

5）动物感染实验操作危害和预防措施　在动物实验操作中应根据实验动物的生物学特性做必要的防护措施，如防止被动物咬伤或抓伤。小动物如啮齿类和兔，通常动物比较温顺不易咬伤操作者，或咬伤伤口轻微，较大动物如雪貂、猫、犬和非人灵长类动物，因其牙齿尖锐、身体强壮、反抗性强烈，多可引起严重的创伤，咬伤和抓伤可以导致伤口感染。为防止被动物咬伤和抓伤，在处置动物时要使用正确的捕捉和保定方式，戴特制防咬手套、穿长袖实验防护衣可以保护操作者不受或少受伤害。受伤后，要及时使用大量清水和肥皂清洗伤口，并视情况就医。

在感染动物实验操作中应有合适的防护装备预防动物或其分泌物、动物来源样本中的病原体污染操作者，血源性病原体飞溅到皮肤或黏膜上，或通过针刺、切伤和其他锐器损伤进入操作者体内。除以上途径外还应预防病原体通过气溶胶方式进入操作者体内。因此应注意以下几个方面的评估：①含有致病性病原体的样品要妥善处理，并制定详细的管理规定和 SOP；②工作人员应根据工作内容穿戴相应防护装备；③工作人员要定期接种疫苗并建立健康管理档案；④所有针头和锐器，使用后需放到专门盛放锐器的容器，并设立明显的标志；⑤工作结束后要洗手，并在实验区域配备洗手槽（不同级别的生物安全实验室所设洗手区域有所不同）；⑥所有感染性材料和受污染的设备或器具应进行消毒、清洗后存放。

6）对注射器针头、刀片等尖锐品的注意事项和防护要点　在使用针头等尖锐品时（以针头为例）注意采取以下措施：①不可将针头重新插入针头套内；②为避免针头和注射器分离，应使用针头和注射器为一体的一次性注射器；③采用规范的实验室操作技术，注射器抽液时尽可能减少气泡形成；注射器内排气泡时应带有针头帽；避免用注射器混合感染性液体；使用注射器时针头不能对着操作者；④操作感染性材料时应在生物安全柜内进行；⑤接种感染性材料时必须按实验目的保定好动物，需要根据动物适应（训练）情况实施操作；经鼻腔或口腔接种时应使用相应器械或插管；⑥所使用过的器材经高压蒸汽灭菌后妥善处理。

3. 动物生物安全实验室的设计和环境评估

动物生物安全实验室选址、设计和建造应符合国家和地方建设规划、生物安全、环境保护和建筑技术规范等的规定和要求[不同等级生物安全实验室的要求不在此赘述，可参考相关标准和文件《实验室生物安全通用要求》（GB 19489—2008）、《生物安全实验室建筑技术规范》（GB 50346—2011）、中华人民共和国国家环境保护总局令（第 32 号）《病原微生物实验室生物安全环境管理办法》（2006）等]。

动物生物安全实验室主要包括医学相关的动物生物安全实验室与动物疾病相关的动物生物安全实验室。两类实验室操作的病原微生物特性不同，生物安全防护的关注点也有所不同。医学相关的动物生物安全实验室关注的重点是病原微生物（对人具有致病性的病原微生物）对实验室内操作人员和实验室外环境中人群及动物的潜在感染风险；而动物疾病相关的动物生物安全实验室更为注重病原微生物（对动物具有致病性而对人无/或低致病性的病原微生物）对实验室内动物及实验室外环境中动物的潜在风险，因此在实验室设计和环境评估方面的侧重点有所不同。

（1）动物生物安全实验室设计的考虑因素

鉴于动物生物安全实验室的特殊性，应对拟操作病原微生物的危害程度及感染动物的类型进行风险评估后设计实验室，应考虑以下因素：①实验室空间配置、围护结构的强度要求等（应与所饲养的动物种类相适应）；②动物饲养环境与设施条件应符合实验动物微生物等级要求；③防止动物逃逸、损毁饲养笼具或护栏；④动物笼具应便于清洗和消毒；⑤满足动物福利需求；⑥配有动物尸体及相关废物处置的设施和设备（无害化处理，废物灭菌）；⑦实验室配备个人必要防护物品（如面罩、防切割或防咬伤手套等特殊防护用品）；⑧根据需要装配隔离装置（如大量动物实验，病原微生物致病性较强、传播力较大，动物可能增强病原微生物毒力的活动，可采用安全隔离装置）；⑨动物实验室的空气是否需要经高效空气过滤器（high efficiency particulate air filter，HEPA）过滤后排放；⑩实验室排风口位置的设置及设计（防风、防雨、防鼠、防虫等）；⑪污水、污物等应消毒处理；⑫安装监视设备和通信设备。

动物生物安全实验室是否需要设置操作人员洗澡间，是医学相关的动物生物安全实验室与动物疾病相关的动物生物安全实验室的争执点。因两类实验室所操作的病原体不同、使用的动物不同，采用的个人防护装备也有所差异。动物疾病相关的动物生物安全实验室强调在实验完毕后必须有“洗澡”的环节。然而，一旦加入操作人员“洗澡”环节，随之需要考虑由此产生的新风险点并提出相应的风险控制措施。动物疾病相关的动物生物安全实验室主要是防止病原体被带到自然界而产生传播，所以洗澡水消毒不能排除外环境。医学相关的动物生物安全实验室操作的是感染人的病原体，更注重个人的防护，尽量减少不必要的操作，从而减少相应的风险，因此强调实验人员穿戴 PPE，不主张在实验室内洗澡。然而，在进行人兽共患病病原体操作时则需要兼顾考虑。

应该根据病原体的特点、风险分析和提出的控制措施，做出风险评估结论中是否需要的决定。

（2）实验室污染废物排出对环境影响的评估

动物疾病相关的动物生物安全实验室所操作的病原体与医学相关的动物生物安全实验室不同，关注的风险点也不同：前者注重病原体（包括基因编辑物种）外泄对环境中动物健康或环境生态可能造成的危害，而后者则关注病原体对操作人员或外泄对环境中周围人群健康可能的危害。在风险评估时需综合考虑所操作的病原体、实验内容、所用动物类型、排泄物、污染物及水处置等。

4. 动物生物安全实验室设施、设备的风险评估

风险评估为选择适当的生物安全实验室设施、设备提供指南。实验室设施是生物实验室生物安全防护二级防护屏障，评估实验室设施及相关设备的合理性、可靠性，以及维持实验室设施及设备的正常运转是实验室生物安全保障的重要环节。设施设备的评估是风险评估的一个组成部分，应由生物安全专业人员、实验室设计人员、实验室操作人员和设施维护人员及生物安全委员会进行风险评估。

（1）实验室设施、设备的评估

实验室设施、设备评估应包括：①实验室设计是否与所从事的实验活动相适应，如动物使用种类和数量、实验仪器设备及其操作流程，以及实验室设施设备设计与实际状态是否可满足上述实验活动防护与周边环境保护要求等；②实验室的进排风系统（空调、送排风机、过滤器、管道等）、备用电源和自动监测、空气消毒、污水处理、物品传递、报警、安保监测及消防等系统设施及设备的评估；③实验室常规运行中，设备（如高压蒸汽灭菌器）进行维修过程中的风险与预防措施的评估；④动物笼具（IVC）的风险评估；⑤设施、设备的清洁、维护或关停期间发生暴露的风险评估；⑥动物尸体处理的风险评估；⑦实验室风险识别的目标是病原微生物的浓度和体积，使用的设备、具体操作或应用器械产生的气溶胶和液体喷溅的风险；⑧外部人员到实验室开展活动、使用外部提供的物品或对外服务所带来风险的评估。

（2）实验室设施、设备评估的关键点

实验室设施、设备评估的关键点通常包括以下内容：①确认实验室设施由哪些设备组成；②明确各种设备的常见故障，故障对设备运转有哪些影响，这些影响是否构成实验室安全危险和危险严重程度；③设备故障产生的原因，故障产生前的征兆，故障检测的方法；④可能出现故障的维修方法与维修材料储备；⑤如故障构成了实验室安全危险，制定相应的实验

室应对措施并写入应急预案；⑥对预案的可行性与预期防护效果进行评估。

（3）动物实验特殊设备的风险评估

动物实验特殊设备的风险评估应包括：①评估动物饲养笼具是否符合感染实验生物安全的要求，是否有利于操作，笼具的给水与饲料添加系统是否产生泄漏；②确认气溶胶感染装置发生系统是否产生泄漏，感染操作后对气溶胶感染装置能否进行有效的消毒，对暴露后实验动物体表消毒的有效性，以及感染后动物转移过程中的风险进行评估；③对某些节肢动物（特别是可飞行、快爬或跳跃的昆虫）的实验活动，喂养与操作过程中的风险及节肢动物逃逸的风险进行评估；④动物进行 X 光、B 超等医学检查时，对动物转移运输的风险及检查过程对操作者与环境造成的风险进行评估；⑤在解剖台或安全柜等设备进行动物剖检时，应对其是否能满足生物安全要求进行评估，同时应重点考虑设备是否能满足解剖实验操作的要求；⑥应根据风险评估的结果，确定需要使用几级 HEPA 过滤器过滤动物饲养期间排出的气体。

5. 动物感染实验的废物处理及实验室消毒的风险评估

（1）实验废物的处理

实验废物包括使用过的实验材料及污染废物、动物感染实验中垫料、动物排泄物、动物尸体、动物组织样本、试剂和耗材等。在清理时要注意避免气溶胶形成，工作人员穿戴合适的防护眼、鼻、口和皮肤的全身装备。污染实验废物应及时进行高压蒸汽灭菌处理，由专人集中处理（按市政要求：集中回收、定点焚烧）。感染性动物实验室所产生的废水，需经化学消毒或高压蒸汽灭菌处理后方能排放（符合市政排放条件）。感染动物尸体的处置方式也需进行风险评估，应考虑动物的大小、是否灭菌彻底及操作的便捷性。

放射性废弃垫料要用印有黄色放射性标志的塑胶袋包装，贮存于特定容器，按照市政要求处理。

（2）实验室消毒的评估

对实验室内可能含有病原微生物的气体、废液、废水与废物进行妥善处置是保护人员和环境不被病原微生物感染与污染的重要环节。①明确消毒的目的，确保实验人员、环境和实验动物不被感染或污染。②明确消毒对象，需要消毒的实验室空气、设施设备、笼具、动物、人员防护装备、废物、样本等，根据所操作的病原微生物选择合适的消毒剂，应评估消毒剂的有效性。消毒剂应具备特点高效、残留少、危害低、稳定、易获得、易操作、价格经济等特点。③应明确消毒时机，即实验活动前、实验活动中、实验活动结束后以及发生意外事故时消毒。④应根据实验内容制定消毒方案，选择有效的消毒剂，确定消毒内容和消毒时机，同时评估消毒方案的有效性。要充分考虑操作病原体的生物特性和抵抗力、传播方式、消毒方式以及消毒对象、消毒环境、消毒时间以及实施过程中的影响。⑤要对消毒效果进行监测和验证，既要考虑消毒效果是否彻底，又要考虑消毒剂残留对环境、人员和动物的危害。

6. 感染动物实验人员及个人防护的评估

（1）实验人员的素质与健康的评估

根据工作需要考虑实验室人员的工作种类（管理人员、实验人员、辅助人员、维修人员等）、专业背景与数量；针对不同岗位要求评估相关人员的身体/心理状况、能力、可能影响工作的压力及日工作时限等。

实验人员的评估内容至少包括：①人员资质和培训。人员资质包括教育背景、专业工作经验、实验技能等。培训包括生物安全理论培训、实验内容相关操作技能培训、动物实验资格培训、生物安全实验室设施、设备使用培训、实验室意外事故处置培训、火灾处置培训等，以及考核情况、各类标准操作程序执行状况和能力等。②人员的健康状况评估包括两方面，心理评估和身体评估。心理评估包括心理素质、精神状况、反社会倾向、抗压力情况等。身体评估包括健康状况、疾病史、耐药和过敏史等。③健康监测情况。实验人员进入实验室前、进入实验室后与暴露后的健康监测情况。④是否接种疫苗及疫苗接种后抗体阳转情况。⑤事故和其他事件应急处理能力。

实验动物饲养防护应以防止过敏为主，饲养人员经常接触动物，最常见的表现为过敏性鼻炎或哮喘、眼睛炎症、皮疹等。致敏原主要存在于尿液、唾液、皮毛、毛屑、垫料中或其他不明来源。在处理动物、剪毛、更换饲养笼和垫料及清理动物房时常产生气溶胶，引起操作者过敏。为了减少致敏原的危害，应根据操作内容配备个人防护准备，在相应的生物安全柜内进行操作，所有废物按照管理要求进行处置等。

（2）个人防护装备的评估

个人防护装备是用于保护实验人员在从事实验室操作时免于受到物理、化学和生物等有害因子伤害的物理屏障，对个人防护器材和用品的评估至少应包括以下几方面：①应根据操作不同危害等级病原微生物和不同实验操作内容的评估决定防护的部位，主要包括眼睛、口、鼻、耳(听力)、躯体、手和足的防护装备，主要有安全眼镜、护目镜、口罩、面罩、防毒面具、正压防护头罩、正压防护服、帽子、防护衣、手套、实验用鞋、鞋套等，并评估选择的装备是否满足防护要求；②应根据实验与防护要求选择重复使用或一次性使用装备(如选用重复使用的装备，应评估消毒处置是否合理)；③选择正压防护装置时，应评估个人适配性及可能发生的故障与处置措施；④个人防护装备是否满足国家相关标准的要求，供应商是否有相应资质。在开展感染动物实验活动前，应根据所采用的实验动物及实验内容等对个人防护装备进行针对性的评估。

三、实验室安保的风险评估

实验室安保是指实验室和人员安全及实验室资料保密性的保障措施与程序，用于防止感染性材料、有害化学和放射性材料与实验室资料的遗失、盗窃、滥用、转用或认为故意释放。为减少感染性物质流入人群的风险，应采取相应的预防措施，实验室安保评估主要内容包括：①实验过程中感染性材料、有害化学和放射性材料的种类、数量与存放位置的风险评估。②感染性材料、菌（毒）种、有害化学或放射性材料遗失、盗窃、滥用、转用或人为故意释放的风险及控制措施有效性的评估（重点考虑物理防盗关键设备如防盗门、人员进入检查设备、设备防盗锁及监控手段等）。③感染性材料运输过程及实验室污染废物处置的风险及管理的评估。④监控体系是否满足安保要求，以及发现异常情况时应急处置措施的可行性评估。⑤接触感染性材料与有害化学和放射性材料人员，包括材料拥有者、使用者、保管人、运输人、培训人员、看管人或监管者等人员素质的评估。⑥根据实验室资料与研究数据的保密级别，对涉及保密的资料与数据、计算机与网络的保密措施和管理制度的评估。

四、化学、物理、辐射、电气、水灾、火灾、自然灾害等的风险评估

实验室的化学、物理、辐射、电气因素可对实验人员造成伤害与对环境产生破坏。自然灾害（如地震、水灾等）或人为事故（如火灾或给水管线破裂等）均对实验室安全构成威胁，同时也可能造成感染性材料的暴露，动物感染实验室还可能发生感染动物逃逸，对操作者、环境和后续抢险清理人员的健康造成威胁。

（1）化学、物理、辐射、电气等因素的风险评估

①除消毒与微生物灭活涉及的化学物质和物理因素外，确定实验室可能使用的其他化学试剂与物理、辐射设施、设备；②评估相应试剂和设施、设备对实验人员的危害性；③对预防措施的可行性与效果进行评估（注意是否可产生新的危害）；④动物逃逸控制措施的评估。

（2）地震的风险评估

①实验室选址是否避开地震区；②实验室抗震等级是否符合当地的

相关要求；③评估地震发生后实验室可能的破坏程度，如发生轻微破坏、发生破坏但主体防护结构未破坏、实验室倒塌等不同情况导致的病原微生物泄漏，以及抢救过程可能产生的风险及应急措施（重点关注如何避免地震可能造成的病原微生物泄露及消毒剂储备和存放）；④对灾后消毒与抢救措施的可行性进行评估；⑤动物逃逸控制措施的评估。

（3）水灾与给水系统损坏的风险评估

①实验室选址是否避开水灾威胁；②评估实验室内供水系统管线发生破裂泄漏的可能性、危险性，以及抢修过程中的风险与预防措施；③评估水灾发生前后菌（毒）种与感染性材料转移过程中的风险与预防措施；④对灾后消毒、抢救措施及恢复运行方案的可行性进行评估；⑤动物逃逸控制措施的评估。

（4）火灾的风险评估

①评估实验室内部发生火灾的可能因素，以及消防系统的功能和预防火灾措施的可行性；②分别评估实验室内部发生火灾与外部发生火灾时人员撤离预案的可行性；③评估发生火灾时实验室内感染性材料泄漏的可能性与灾后处理过程中的风险与预防措施；④评估实验室内外部火灾的应急预案与人员演练计划的可行性；⑤动物逃逸控制措施的评估。

五、实验室意外事故的风险评估

对于实验室内发生大量泄漏或发生直接对人员产生威胁的严重事故，应建立应急预案以降低或避免对人员与环境造成危害。至少应对以下常见事故进行评估：①感染动物逃逸，需评估对环境和人员造成的伤害，分析其原因，并制定相应的预防措施；②大量菌（毒）种培养物外溢或溅洒在台面、地面和设备表面及防护服上污染皮肤黏膜等，需评估对环境、人员和动物造成的危害，分析可能发生的原因，制定防止意外事故发生的措施及应急处置预案；③应评估预防措施、处理预案的可行性和有效性；应急预案中应评估感染监测方法、感染监测试剂储备的合理性；应急预案中应有确诊人员被感染时的处置措施；④事故发生后需评估人员是否需要隔离，如需要，应有可行的隔离和救治措施；⑤应评估事故处置演练与培训计划的合理性和有效性；⑥事故发生后报告程序、事故分析及发生事故后的处置措施。根据以上内容不断再评估和完善风险评估。

六、风险评估报告及结论

风险识别、风险分析和风险评价后，需要做出风险评估报告和结论。风险评估报告的内容应包括：①风险评估的时间和参与人员；②实验活动（项目计划）简介；③评估依据；④评估程序；⑤评估内容；⑥评估结论。

风险评估的结论应包括：①根据病原微生物危害等级在对应的生物安全等级的实验室内进行（容许的风险水平）；②硬件、软件及人员等方面是否满足实验需求，如实验室设施、设备，个人防护用品，感染性材料采集、运输使用、保藏容器与包装的选择及管理措施，消毒方法的选择与感染性废物的处理，实验室意外事故处置方法，生物安全实验室的需求人数，符合不同岗位要求的上岗人数等；③现有的条件或拟采用的消除、减少或控制风险的管理措施和技术措施是否满足生物安全要求，还存在哪些不足。最终结论：是否可以开展相应的实验项目或活动，根据风险评估结论考虑采取相应的风险控制措施。

风险评估报告应经实验室所属单位的生物安全委员会批准。

七、实验活动风险的再评估

鉴于病原微生物信息不断更新和生物安全实验室活动经常变更等，风险评估是一种动态发展的工作，在下列情况下应对病原微生物实验活动危害进行再评估：①实验室的规模、设施与布局需要调整时；②当发生实验室泄露或人员感染等意外情况时；③实验室内审或外部检查发现安全隐患时；④需增加新的研究项目或内容，需改进新的实验方法时；⑤实验活动中，需要显著增大病原微生物的浓度或数量时；⑥在实验活动中分离到原有风险评估报告中未涉及的高致病性病原微生物时；⑦实验活动中，操作人员发现其实验过程存在新的隐患时；⑧当收集到的数据和资料表明所从事病原微生物的致病性、毒力或传染方式发生变化时；⑨当相关政策法规、标准等发生改变时。

附：实验动物基因工程中的生物安全问题

遗传修饰生物体（genetically modified organism，GMO）及其产品可能危及天然基因、自然物种和生态系统，损害人体健康，还可能给伦理道德带来冲击。随着现代生物技术的迅速发展，应该对基因工程生物安全给予足够的重视。基因工程生物安全的内涵包括 3 个方面：①生物安全是指各种生物正常生存和发展，以及人类生命和健康不受侵害与损害的状态；②生物安全所受的外来影响是指人类现代生物技术活动和转基因活生物体的商品化活动；③生物安全包括人类的安全和健康。

基因工程生物安全关注的领域包括现代生物技术的研究开发活动和转基因活生物体商品化活动的各个阶段，具体讲就是指转基因植物、转基因动物、转基因水生生物和基因工程微生物的研究开发与环境释放、商业化生产、销售、使用及越境转移等。因此在开展相关研究时，需要关注：①伦理问题，按人类意愿设计、改造、改良甚至制造生命存在不确定性，有可能给自然界、社会和人类带来新风险。项目应通过伦理审查委员会审查和评估。②基因污染问题，实验动物科学研究中应用基因工程对基因进行体外操作，添加或删除一个特殊的 DNA 序列，然后导入早期的胚胎细胞中，产生遗传结构得以修饰的动物。利用基因修饰技术可建立人类疾病动物模型。然而，在生态方面，如果基因修饰动物的外源基因向野生群转移，就会污染整个种子资源基因库。因此，应采取相应的预防措施，防止基因修饰动物和正常野生群动物交配，从而防止发生基因污染，如表达某种病毒受体的转基因动物自实验室逃逸并将外源基因传给野生动物群体，有可能产生储存该病毒的动物宿主。③环境安全问题，转基因生物的环境安全问题技术性很强，对转基因生物释放后在环境中的情况及其对环境和生物多样性的影响，有待跟踪监测和研究；通过基因工程技术对动物、植物、微生物或人的基因进行相互转移，突破了传统的物种界限，新转基因物种若释放或逃逸到外环境是否会导致原有自然生态的失衡、有关物种灭绝和野生种群生物多样性的消失。④对人类健康的潜在威胁，由于外源基因具有药理活性或毒性作用，插入载体后的作用具有不确定性，对人体可能产生某些毒性作用。此外，不同病原体的重组，可能改变其致病性，导致毒力增强或宿主范围改变而对人类健康产生新的威胁。

转基因动物和基因敲除动物及携带外源性遗传信息的动物（转基因动物）应当在适合外源基因产物特性的防护水平下进行操作。在对 GMO 有关研究进行风险评估时，应考虑供体和受体/宿主生物体的特性，特别是考虑插入基因（如毒素、细胞因子、激素、转录调控因子、毒力因子、肿瘤基因序列、耐药基因、变态反应原等）可能所致的危害；还应评估其达到生物学或药理学活性所需的表达水平。特定基因被有目的地删除的动物（基因敲除动物）一般不表现特殊的生物危害，但应考虑宿主易感性的改变、宿主范围的变化、免疫状况及暴露后果等。

采用动物整体进行实验研究时，遵守所在国家及单位遗传修饰生物体工作的有关规定、限制和要求。各国有关于 GMO 研究的指南，并适当地对生物安全水平进行分级。风险评估是动态的工作，结合科学研究的进展进行风险再评估可以确保重组 DNA 技术造福于人类。

参考资料

[1]　《中华人民共和国传染病防治法》(2004 年, 2013 年修订)

[2]　中华人民共和国国务院令第 424 号《病原微生物实验室生物安全管理条例》(2004 年, 2018 年修改)

[3] 中华人民共和国卫生部《人间传染的病原微生物名录》(2006 年)
[4] 中华人民共和国国务院令第 380 号《医疗废物管理条例》(2003 年, 2011 年修订)
[5] 中华人民共和国卫生部令第 36 号《医疗卫生机构医疗废物管理办法》(2003 年)
[6] 中华人民共和国国家环境保护总局令第 32 号《病原微生物实验室生物安全环境管理办法》(2006 年)
[7] WHO. 实验室生物安全手册. 3 版. 2004. http: //www.who.int/csr/resources/publications/biosafety/WHO_CDS_CSR_LYO_2004_11/chweb.pdf? ua=1[2020-1-7]
[8] 中华人民共和国国家质量监督检验检疫总局, 中国国家标准化管理委员会.《实验室生物安全通用要求》(GB 19489—2008)
[9] 中华人民共和国卫生和计划生育委员会.《病原微生物实验室生物安全通用准则》(WS 233—2017)
[10] 中华人民共和国建设部, 中华人民共和国国家质量监督检验防疫总局.《生物安全实验室建筑技术规范》(GB 50346—2011)

第二章　动物实验操作规范和风险分析

动物实验室是以实验动物为载体开展生命科学、药品检定等研究的特殊实验室，动物实验室在操作技术规范的制定，个人安全防护设备的设置及实验室设施的设计和建设上，都有不同于其他实验室的特殊要求。动物生物安全实验室是一类可进行动物饲养观察、实验操作的特殊生物安全实验室，在实验操作中会产生动物源性气溶胶、动物来源分泌物、排泄物或人兽共患病病原体等危险，需要通过使用实验室设施和穿戴合适的个人防护装备来防范实验操作中的潜在危险。

本章主要列举动物实验操作中的风险识别点，针对不同的病原微生物结合实验动物操作的难易程度进行分类并梳理这些风险点的风险等级，分析其可能造成的后果，并针对每个风险点提出对应的预防措施，达到明确风险、评估风险、降低风险的作用。这些操作内容主要包括常规的实验动物操作，如动物保定、给药、采样、麻醉等，以及一些特殊的操作，如动物病原微生物接种、解剖、取样等。

一、动物常规操作中的风险识别

影响实验动物操作风险评估等级的因素主要结合两方面来综合分析和评估，一方面是实验涉及的病原微生物危害等级，另一方面是实验操作的风险等级。例如，一方面，实验涉及的病原微生物危害等级越低，动物实验的风险评估等级就越低，如低致病性微生物（动物携带而对人不致病的病原微生物）相关动物实验，操作人员可能暴露于低等级风险中。另一方面，实验操作的风险性越大，该实验的风险评估等级就越高，如高风险性的实验动物操作（动物解剖），操作人员可能暴露于高等级风险中。根据所操作病原微生物和操作风险的不同，针对不同实验动物行为习性评估危险程度，进而选择合适的防护装备，并制定好预防措施，开展实验。风险等级评估需要根据具体操作内容进行评估（图 2.1）。

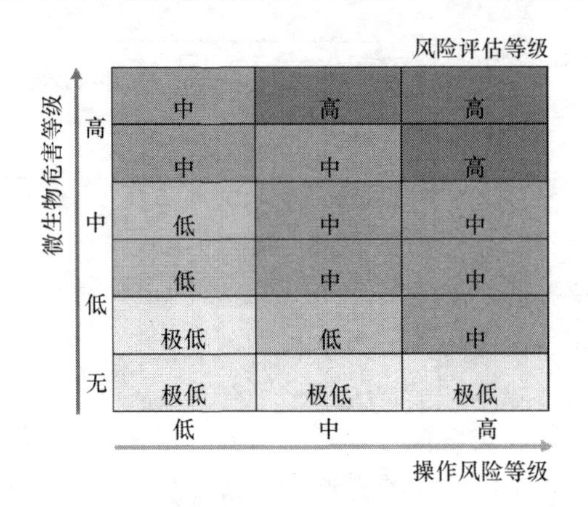

图 2.1　评估风险示意图

根据不同动物的行为习性及操作难易程度确定关键风险识别点。风险评估等级根据具体操作内容潜在的风险，结合病原微生物危害等级进行综合评估确定，参见图 2.1。需要根据可能出现的风险制定预防措施，降低操作风险使其成为可控风险。

在动物实验中，经常要进行实验动物的保定、麻醉，采集实验动物的血液、粪便等样本，通过血管、消化道、呼吸道、皮肤给予药物等，掌握正确的技术十分必要，良好的操作习惯可以有效地实现生物安全控制，避免危险的发生或将危险降到最低限度。在这些操作过程中，实验者常见的风险点如下。

1. 动物保定的关键风险识别点

操作人员被动物抓伤、咬伤；操作时产生气溶胶；排泄物或分泌物滴溅或遗洒；动物逃逸。下面将对每一个关键风险识别点进行分析。根据动物种类、行为习性等特点选择合适的保定方法，具体参见《实验动物学》的“第五章　动物实验技术操作手册”。

（1）关键风险识别点：操作人员被动物抓伤、咬伤

物种	关键风险识别点	动物病原微生物分类	可能后果	风险等级※	动物实验操作相关预防措施
小鼠、大鼠、豚鼠、雪貂、猴	●抓伤、咬伤	无病原微生物 3，4 类病原微生物 1，2 类病原微生物	●操作者受伤 ●操作者被感染	☆无病原微生物或感染 4 类病原微生物动物咬伤、抓伤（大鼠、小鼠、豚鼠、雪貂） ★未感染动物或感染 4 类病原微生物动物咬伤、抓伤（猴） ★★感染 3 类病原微生物动物咬伤、抓伤 ★★★感染 1，2 类病原微生物动物咬伤、抓伤	●进入与操作病原微生物危害等级对应的生物安全实验室 ●穿戴与操作病原微生物等级对应的个人防护用品（PPE） ●参加动物保定技术培训 ●戴防护手套 ●使用合适的动物固定器 ●动物麻醉充分后操作

※风险等级由低至高分为 4 个：☆基本无风险或极低风险，★较低风险，★★中等风险，★★★高风险，下同

（2）关键风险识别点：操作时产生气溶胶

物种	关键风险识别点	动物病原微生物分类	可能后果	风险等级	动物实验操作相关预防措施
小鼠、大鼠、豚鼠、雪貂	●产生气溶胶	无病原微生物 3，4 类病原微生物 1，2 类病原微生物	●操作者被感染 ●操作环境被污染	☆无病原微生物动物产生气溶胶（大鼠、小鼠、豚鼠、雪貂、猴） ☆感染 3，4 类病原微生物动物产生气溶胶（大鼠、小鼠、豚鼠） ★感染 3，4 类病原微生物动物产生气溶胶（雪貂、猴） ★★感染 1，2 类病原微生物动物产生气溶胶（大鼠、小鼠、豚鼠） ★★★感染 1，2 类病原微生物动物产生气溶胶（雪貂、猴）	●进入与操作病原微生物危害等级对应的生物安全实验室 ●在通风柜或生物安全柜中进行操作 ●穿戴与操作病原微生物等级对应的 PPE ●★与★★戴口罩和防护面罩 ●★★★戴 N95 口罩和防护面罩

(3)关键风险识别点：排泄物或分泌物滴溅或遗洒

物种	关键风险识别点	动物病原微生物分类	可能后果	风险等级	动物实验操作相关预防措施
小鼠、大鼠、豚鼠、雪貂、猴	●排泄物或分泌物滴溅或遗洒	无病原微生物 3，4 类病原微生物 1，2 类病原微生物	●操作环境被污染	☆未感染动物或感染 4 类病原微生物动物排泄物或分泌物滴溅或遗洒 ★感染 3 类病原微生物动物排泄物或分泌物滴溅或遗洒 ★★感染 1，2 类病原微生物动物排泄物或分泌物遗洒	●进入与操作病原微生物危害等级对应的生物安全实验室 ●穿戴与操作病原微生物等级对应的 PPE ●在通风柜或生物安全柜中进行操作 ●操作台面铺设一次性台垫 ●根据操作病原微生物准备有效消毒剂，发生污染时及时清理污染区域

(4)关键风险识别点：动物逃逸

物种	关键风险识别点	动物病原微生物分类	可能后果	风险等级	动物实验操作相关预防措施
小鼠、大鼠、豚鼠、雪貂、猴	●逃逸	无病原微生物 3，4 类病原微生物 1，2 类病原微生物	●饲养环境被污染 ●实验终止	☆未感染动物或感染 4 类病原微生物动物逃逸（大鼠、小鼠、豚鼠、雪貂） ★未感染动物或感染 3 类病原微生物动物逃逸（猴） ★★感染 3 类病原微生物动物逃逸 ★★★感染 1，2 类病原微生物动物逃逸	●进入与操作病原微生物危害等级对应的生物安全实验室 ●穿戴与操作病原微生物等级对应的 PPE ●在通风柜或生物安全柜中进行操作 ●笼具要确定盖好后放回笼具上 ●灵长类笼具需要装配合适的笼锁 ●参加动物保定技术培训 ●动物麻醉充分后操作 ●根据操作病原微生物准备有效消毒剂，发生意外时及时消毒污染区域

2. 动物麻醉的关键风险识别点

操作人员被动物抓伤、咬伤；操作时产生气溶胶；排泄物或分泌物滴溅或遗洒；动物逃逸；操作人员被利器刺伤。下面将对“操作人员被利器刺伤”关键风险识别点进行分析，其余关键风险识别点请参考上文“动物保定”部分。

关键风险识别点：操作人员被利器刺伤

物种	关键风险识别点	动物病原微生物分类	可能后果	风险等级	动物实验操作相关预防措施
小鼠、大鼠、豚鼠、雪貂、猴	●利器刺伤	无病原微生物 3，4类病原微生物 1，2类病原微生物	●操作者受伤 ●操作者被感染	☆无病原微生物或感染4类病原微生物动物麻醉时刺伤 ★感染3类病原微生物动物麻醉时刺伤 ★★感染1，2类病原微生物动物麻醉时刺伤	●进入与操作病原微生物危害等级对应的生物安全实验室 ●穿戴与操作病原微生物等级对应的PPE ●在通风柜或生物安全柜中进行操作 ●注射麻醉时应由操作者一人完成，注射器不用盖帽直接丢入利器桶内，降低失误率 ●禁止徒手安装、拆卸手术刀片和回套注射器针帽 ●双人操作时，禁止传递利器

3. 动物给药的关键风险识别点

操作人员被动物抓伤、咬伤；操作时气溶胶；排泄物或分泌物滴溅或遗洒；动物逃逸；操作人员被利器刺伤。各关键风险识别点请参考上文“动物保定”和“动物麻醉”部分。

4. 动物样本采集的关键风险识别点

操作人员被动物抓伤、咬伤；操作时产生气溶胶；排泄物或分泌物滴溅或遗洒；动物逃逸；操作人员被利器刺伤；采集样本渗漏或迸溅。下面将对“采集样本渗漏或迸溅”关键风险识别点进行分析，其余关键风险识别点请参考上文“动物保定”和“动物麻醉”部分。

关键风险识别点：采集样本渗漏或迸溅

物种	关键风险识别点	动物病原微生物分类	可能后果	风险等级	动物实验操作相关预防措施
小鼠、大鼠、豚鼠、雪貂、猴	●样本渗漏或迸溅	无病原微生物 3，4类病原微生物 1，2类病原微生物	●操作者被感染 ●操作环境被污染	☆未感染动物或感染4类病原微生物动物样本渗漏或迸溅 ★感染3类病原微生物动物样本渗漏或迸溅 ★★感染1，2类病原微生物动物样本渗漏或迸溅	●进入与操作病原微生物危害等级对应的生物安全实验室 ●穿戴与操作病原微生物等级对应的PPE ●在通风柜或生物安全柜中进行操作 ●操作台面铺设一次性台垫 ●用防渗漏的容器装标本，容器密封 ●实验室内准备消毒桶，将毛巾浸泡在消毒液中，发生渗漏或迸溅时立刻覆盖

5. 动物样本处理的关键风险识别点

装有样本的离心管离心时破裂；样本溅洒。下面将对每一个关键风险识别点进行分析。

（1）关键风险识别点：离心管离心时破裂

样本	关键风险识别点	动物病原微生物分类	可能后果	风险等级	动物实验操作相关预防措施
血液、体液、脏器、咽拭子、排泄物	●离心管离心时破裂	无病原微生物 3，4类病原微生物 1，2类病原微生物	●操作者被感染 ●操作仪器被污染	☆未感染动物或感染4类病原微生物动物样本离心时离心管破裂 ★感染3类病原微生物动物样本离心时离心管破裂 ★★感染1，2类病原微生物动物样本离心时离心管破裂	●进入与操作病原微生物危害等级对应的生物安全实验室 ●穿戴与操作病原微生物等级对应的PPE ●在生物安全柜中处理标本 ●使用质检合格的离心管 ●使用生物安全型离心机 ●实验室内准备消毒桶，将毛巾浸泡在消毒液中，发生溅洒时立刻覆盖 ●实验室放置消毒装置，可进行实验室全面消毒

（2）关键风险识别点：样本溅洒

样本	关键风险识别点	动物病原微生物分类	可能后果	风险等级	实验操作相关预防措施
血液、体液、组织匀浆、咽拭子、排泄物	●样本溅洒	无病原微生物 3，4 类病原微生物 1，2 类病原微生物	●操作者被感染 ●操作台面被污染 ●操作环境被污染	☆未感染动物或感染 4 类病原微生物动物样本溅洒 ★感染 3 类病原微生物动物样本溅洒 ★★感染 2 类病原动微生物物样本溅洒 ★★★感染 1 类病原微生物动物样本溅洒	●进入与操作病原微生物危害等级对应的生物安全实验室 ●穿戴与操作病原微生物等级对应的 PPE ●在生物安全柜中处理标本 ●操作台面铺设一次性台垫 ●实验室内准备消毒桶，将毛巾浸泡在消毒液中，发生溅洒时立刻覆盖 ●实验室放置消毒装置，可进行实验室全面消毒

二、动物特殊操作中的风险识别

实验动物在进行病原微生物接种、解剖操作时，实验者有机会接触到高剂量的病原微生物，这类操作属于高风险操作，需由有相关经验的技术人员操作或在其现场指导下进行。实验动物进行比较医学研究时，有时会进行影像学检查，包括 CT、磁共振、超声等，在感染动物进行相关检查时要做好生物安全的风险评估与防护，实验结束后要对环境及实验设备进行有效的消毒。

1. 动物病原微生物接种的关键风险识别点

操作人员被动物抓伤、咬伤；操作时产生气溶胶；操作人员被利器刺伤；病原微生物接种液遗洒。关键风险识别点虽与前面“动物保定”“动物麻醉”“动物样本采集”部分相同，但由于接种液中病原微生物的剂量较大，风险等级应增加，下面将对每一个关键风险识别点进行分析。

（1）关键风险识别点：操作人员被动物抓伤、咬伤

物种	关键风险识别点	动物病原微生物分类	可能后果	风险等级	动物实验操作相关预防措施
小鼠、大鼠、豚鼠、雪貂、猴	●抓伤、咬伤	3，4 类病原微生物 1，2 类病原微生物	●操作者受伤 ●操作者被感染	★感染 4 类病原微生物动物咬伤、抓伤 ★★感染 3 类病原微生物动物咬伤、抓伤 ★★★感染 1，2 类病原微生物动物咬伤、抓伤	●进入与操作病原微生物危害等级对应的生物安全实验室 ●穿戴与操作病原微生物等级对应的 PPE ●在生物安全柜中操作 ●操作台面铺设一次性台垫 ●参加动物保定技术培训 ●戴防护手套 ●使用动物固定器 ●动物麻醉充分后操作

（2）关键风险识别点：操作时产生气溶胶

物种	关键风险识别点	动物病原微生物分类	可能后果	风险等级	动物实验操作相关预防措施
小鼠、大鼠、豚鼠、雪貂、猴	●产生气溶胶	3，4 类病原微生物 1，2 类病原微生物	●操作者被感染 ●操作环境被污染	☆感染 3,4 类病原微生物动物产生气溶胶（大鼠、小鼠、豚鼠） ★感染 3,4 类病原微生物动物产生气溶胶（雪貂、猴） ★★感染 1,2 类病原微生物动物产生气溶胶（大鼠、小鼠、豚鼠） ★★★感染 1,2 类病原微生物动物产生气溶胶（雪貂、猴）	●进入与操作病原微生物危害等级对应的生物安全实验室 ●穿戴与操作病原微生物等级对应的 PPE ●在生物安全柜中操作 ●操作台面铺设一次性台垫 ●★与★★戴口罩和防护面罩 ●★★★戴 N95 口罩和防护面罩

（3）关键风险识别点：操作人员被利器刺伤

物种	关键风险识别点	动物病原微生物分类	可能后果	风险等级	动物实验操作相关预防措施
小鼠、大鼠、豚鼠、雪貂、猴	●利器刺伤	3,4 类病原微生物 1,2 类病原微生物	●操作者受伤 ●操作者被感染	☆动物接种 4 类病原微生物时刺伤 ★★动物接种 3 类病原微生物时刺伤 ★★★动物接种 1，2 类病原微生物时刺伤	●进入与操作病原微生物危害等级对应的生物安全实验室 ●穿戴与操作病原微生物等级对应的 PPE ●在生物安全柜中操作注射接种时应由操作者一人完成，注射器不用盖帽直接丢入利器桶内，降低失误率 ●禁止徒手安装、拆卸手术刀片和回套注射器针帽 ●双人操作时，禁止传递利器

（4）关键风险识别点：病原微生物接种液溅洒

物种	关键风险识别点	动物病原微生物分类	可能后果	风险等级	动物实验操作相关预防措施
小鼠、大鼠、豚鼠、雪貂、猴	●病原接种液溅洒	3，4类病原微生物 1，2类病原微生物	●操作者被感染 ●操作环境被污染	☆4类病原微生物接种液溅洒 ★★3类病原微生物接种液溅洒 ★★★1，2类病原微生物接种液溅洒	●进入与操作病原微生物危害等级对应的生物安全实验室 ●穿戴与操作病原微生物等级对应的PPE ●在生物安全柜内操作 ●操作台面铺设一次性台垫 ●实验室内准备消毒桶，将毛巾浸泡在消毒液中，发生溅洒时立刻覆盖

2. 动物解剖的关键风险识别点

操作人员被动物抓伤、咬伤；解剖时产生气溶胶；排泄物或分泌物滴溅或遗洒；解剖利器割伤；采集样本渗漏或迸溅；血液喷溅。下面将对“解剖利器割伤”“解剖时产生气溶胶”“血液喷溅”关键风险识别点进行分析，其余关键风险识别点请参考“一、动物常规操作中的风险识别”中“动物保定”部分。

（1）关键风险识别点：解剖利器割伤

物种	关键风险识别点	动物病原微生物分类	可能后果	风险等级	动物实验操作相关预防措施
小鼠、大鼠、豚鼠、雪貂、猴	●解剖利器割伤	无病原微生物 3，4类病原微生物 1，2类病原微生物	●操作者被感染 ●操作台面被污染	☆未感染动物（大鼠、小鼠、豚鼠、雪貂）解剖时利器割伤 ★未感染病原微生物或感染3类病原微生物动物解剖时利器割伤 ★★感染3类病原微生物动物解剖时利器割伤 ★★★感染1，2类病原微生物动物解剖时利器割伤	●进入与操作病原微生物危害等级对应的生物安全实验室 ●穿戴与操作病原微生物等级对应的PPE ●在生物安全柜内操作 ●戴防割手套 ●人员经过解剖操作培训合格方可进行本操作，并需在有经验的人员指导下进行 ●人员需经过配合操作训练，考核合格方可开展本操作 ●禁止徒手安装、拆卸手术刀片和回套注射器针帽 ●双人操作时，禁止传递利器

（2）关键风险识别点：解剖时产生气溶胶

物种	关键风险识别点	动物病原微生物分类	可能后果	风险等级	动物实验操作相关预防措施
小鼠、大鼠、豚鼠、雪貂、猴	●解剖时产生气溶胶	无病原微生物 3，4类病原微生物 1，2类病原微生物	●操作者被感染 ●操作台面被污染	☆未感染动物解剖时产生气溶胶 ★感染4类病原微生物动物解剖时产生气溶胶 ★★感染3类病原微生物动物解剖时产生气溶胶 ★★★感染1，2类病原微生物动物解剖时产生气溶胶	●进入与操作病原微生物危害等级对应的生物安全实验室 ●穿戴与操作病原微生物等级对应的PPE ●在生物安全柜中操作 ●操作台面铺设一次性台垫 ●在一次台垫上喷洒乙醇起到吸附气溶胶和对滴落液体消毒的作用 ●☆与★★戴口罩和防护面罩 ●★★★戴N95口罩和防护面罩或半身正压防护服 ●★★★在负压解剖台中进行操作

（3）关键风险识别点：血液喷溅

物种	关键风险识别点	动物病原微生物分类	可能后果	风险等级	动物实验操作相关预防措施
小鼠、大鼠、豚鼠、雪貂、猴	●血液喷溅	无病原微生物 3，4类病原微生物 1，2类病原微生物	●操作者被感染 ●操作台面被污染	☆未感染动物或感染4类病原微生物动物解剖时血液喷溅 ★感染3类病原微生物动物解剖时血液喷溅 ★★感染1，2类病原微生物动物解剖时血液喷溅	●进入与操作病原微生物危害等级对应的生物安全实验室 ●穿戴与操作病原微生物等级对应的PPE ●戴护目镜或防护面罩防液体喷溅 ●准备备用手套和防护服，发生操作者被分泌物滴溅时可及时更换 ●在生物安全柜中操作 ●操作台面铺设一次性台垫 ●在一次台垫上喷洒乙醇起到对滴落液体消毒的作用 ●实验室内准备消毒桶，将毛巾浸泡在消毒液中，发生喷溅时立刻覆盖

3. 动物特殊检查（X光、PETCT、磁共振检查等）涉及的关键风险识别点

操作人员被动物抓伤、咬伤；操作时产生气溶胶；排泄物或分泌物滴溅在操作者身上或仪器台面上；动物麻醉不彻底，逃逸；动物麻醉过量死亡。下面将对“排泄物或分泌物滴溅在操作者身上或仪器台面上”

关键风险识别点进行分析，其余关键风险识别点请参考“一、动物常规操作中的风险识别”中“动物保定”部分。

关键风险识别点：排泄物或分泌物滴溅在操作者身上或仪器台面上

物种	关键风险识别点	动物病原微生物分类	可能后果	风险等级	动物实验操作相关预防措施
小鼠、大鼠、豚鼠、雪貂、猴	●排泄物或分泌物滴溅在操作者身上或仪器台面上	无病原微生物 3，4类病原微生物 1，2类病原微生物	●操作者被感染 ●仪器被污染 ●实验环境被污染	☆未感染动物或感染4类病原微生物动物检查时排泄物或分泌物滴溅在操作者身上或仪器台面上 ★感染3类病原微生物动物检查时排泄物或分泌物滴溅在操作者身上或仪器台面上 ★★感染1，2类病原微生物动物检查时排泄物或分泌物滴溅在操作者身上或仪器台面上	●进入与操作病原微生物危害等级对应的生物安全实验室 ●穿戴与操作病原微生物等级对应的PPE ●戴护目镜或防护面罩防液体喷溅 ●准备备用手套和防护服，发生操作者被分泌物滴溅时可及时更换 ●检测仓或装置内铺垫一次性消毒巾，便于清场 ●根据操作病原微生物准备有效消毒剂，发生意外时及时消毒污染区域

三、实验动物更换垫料中的风险识别

垫料是大鼠、小鼠、雪貂等实验动物在繁殖、饲养与实验饲养中必不可少的条件之一，是一种可影响动物健康和实验结果的可控制的环境因素。它起着吸附动物的排泄物、降低笼内氨气、保持笼内干燥从而维持笼具和动物自身清洁卫生的作用。同时垫料也会吸附一些动物源性气溶胶从而对环境及实验人员造成污染及感染危险。

动物更换垫料涉及的关键风险识别点

操作人员被动物抓伤、咬伤；操作时产生气溶胶；动物逃逸；排泄物或分泌物滴溅在操作者身上或操作台面上；垫料飞屑或动物毛发皮屑洒落。下面将对“垫料飞屑或动物毛发皮屑洒落”关键风险识别点进行分析，其余关键风险识别点请参考“一、动物常规操作中的风险识别”

中“动物保定”部分和“二、动物特殊操作中的风险识别”中“动物特殊检查”部分。

关键风险识别点：垫料飞屑或动物毛发皮屑洒落

物种	关键风险识别点	动物病原微生物分类	可能后果	风险等级	动物实验操作相关预防措施
小鼠、大鼠、豚鼠、雪貂、猴	●垫料飞屑或动物毛发皮屑洒落	无病原微生物 3，4 类病原微生物 1，2 类病原微生物	●操作者过敏 ●操作者被感染 ●操作环境被污染	☆未感染动物或感染 4 类病原微生物动物的垫料飞屑或动物毛发皮屑洒落 ★感染 3 类病原微生物动物的垫料飞屑或动物毛发皮屑洒落 ★★感染 1，2 类病原微生物动物的垫料飞屑或动物毛发皮屑洒落	●进入与操作病原微生物危害等级对应的生物安全实验室 ●穿戴与操作病原微生物等级对应的 PPE ●在通风柜或生物安全柜中操作 ●涉及感染性动物操作时，操作台面铺设一次性台垫 ●操作者眼、口和鼻黏膜以及皮肤不暴露于实验环境内 ●实验室内准备消毒桶，将毛巾浸泡在消毒液中，发生洒落时立刻覆盖 ●实验室放置消毒装置，可进行实验室全面消毒

四、废物处理及样本处理中的风险识别

动物实验会产生很多废物，如动物的排泄物、分泌物、毛发、血液、各种组织样品、尸体及相关实验器具、废水、废料、垫料、物品等。废物放入高压灭菌器时需粘贴指示条，物品移出前观察指示条是否达到灭菌要求(具体操作要求参见“第四章 动物生物实验室的消毒和灭菌”)。动物实验相关废液需按比例倒入有消毒液的容器中，倒入时需沿容器壁轻倒并戴眼罩，防止溅入眼中。实验废物包括使用过的一次性防护设备、实验材料和动物尸体。一次性工作服、口罩、帽子、手套及实验废物等应按医院污物处理规定进行统一回收；注射针头、刀片等锐利物品应收集到利器盒中统一处理；动物尸体及组织装入专用尸体袋中存放于尸体冷藏柜或冰柜内，集中做无害化处理，不得将动物尸体或废物随意丢弃。废物处理不当，都会作为病原微生物载体对人员和环境造成污染，必须按照生物安全原则，根据不同的特点和要求进行严格消毒灭菌处置。

废物处理的关键风险识别点

处理动物排泄物时迸溅，动物尸体高压灭菌条件不充分，高压锅使用不当发生故障。

（1）关键风险识别点：处理动物排泄物时迸溅

样本	关键风险识别点	动物病原微生物分类	可能后果	风险等级	动物实验操作相关预防措施
血液、体液、脏器、尸体、各种拭子、排泄物	●处理动物排泄物或样本时迸溅	无病原微生物 3，4 类病原微生物 1，2 类病原微生物	●操作者被感染 ●实验室被污染	☆未感染动物和感染 4 类病原微生物动物排泄物或样本处理时迸溅 ★感染 3 类病原微生物动物排泄物或样本处理时迸溅 ★★感染 1，2 类病原微生物动物排泄物或样本处理时迸溅	●进入与操作病原微生物危害等级对应的生物安全实验室 ●穿戴与操作病原微生物等级对应的 PPE ●处理动物排泄物需双人配合操作，避免发生迸溅 ●实验室内准备消毒桶，将毛巾浸泡在消毒液中，发生迸溅时立刻覆盖 ●实验室放置消毒装置，可进行实验室全面消毒

（2）关键风险识别点：动物尸体高压灭菌条件不充分

样本	关键风险识别点	动物病原分类	可能后果	风险等级	动物实验操作相关预防措施
血液、体液、脏器、尸体、各种拭子、排泄物	●动物尸体高压灭菌条件不充分	无病原微生物 3，4 类病原微生物 1，2 类病原微生物	●操作者被感染 ●实验室被污染 ●实验室辅助人员或医疗垃圾处理人员被感染	☆未感染动物和感染 4 类病原微生物动物尸体高压灭菌条件不充分 ★★感染 3 类病原微生物动物尸体高压灭菌条件不充分 ★★★感染 1,2 类病原微生物动物尸体高压灭菌条件不充分	●进入与操作病原微生物危害等级对应的生物安全实验室 ●穿戴与操作病原微生物等级对应的 PPE ●由持有高压锅上岗证的人员进行操作，并遵循操作指南 ●高压物品不能完全封闭，确保气体可以进入 ●高压时放入内容物不超过高压锅容积 2/3 ●需要通过前期实验确定尸体高压效果，根据有效高压灭菌条件装 配高压锅，使用相应高压灭菌条件 ●高压前放入温度指示条 ●定期放入生物指示剂确认高压锅灭菌效果 ●定期检测高压锅性能，以确保其工作性能

（3）关键风险识别点：高压锅使用不当发生故障

对象	关键风险识别点	动物病原微生物分类	可能后果	风险等级	动物实验操作相关预防措施
废物	●高压锅使用不当发生故障	无病原微生物 3，4 类病原微生物 1，2 类病原微生物	●高压不彻底污染环境 ●高压不彻底污染操作者 ●高压锅气孔堵塞造成爆炸 ●高压锅未添加合适容量蒸馏水导致容器烧坏	★★高压不彻底污染环境、操作者 ★★高压锅未添加合适容量蒸馏水导致容器烧坏 ★★★高压锅气孔堵塞造成爆炸	●由持有高压锅上岗证的人员进行操作，并遵循操作指南 ●根据高压物品确定高压程序 ●高压物品不能堵塞气孔，高压前需要检查仪器状态 ●高压前检查高压锅内蒸馏水是否到达到指定水位 ●高压前放入温度指示条 ●定期放入生物指示剂确认高压锅灭菌效果 ●定期检测高压锅性能，以确保其工作性能

五、实验结束清场中的风险识别

感染性动物实验结束后需要按以下顺序清理实验室：生物安全柜、仪器、设备、传递窗、整体环境。实验后的动物笼具在清洗前先做适当的消毒处理，垫料、污物、一次性物品需放入医疗废物专用垃圾袋中，经高压灭菌后方可拿出实验室。所有废物的处置均要达到环保要求和生物安全要求。全部清理结束后用过氧化氢、甲醛等对空气进行消毒。

实验终末清场涉及的关键风险识别点

环境消毒灭菌不彻底，消毒剂环境残留。

（1）关键风险识别点：环境消毒灭菌不彻底

对象	关键风险识别点	动物病原微生物分类	可能后果	风险等级	动物实验操作相关预防措施
实验室空间	●环境消毒灭菌不彻底	无病原微生物 3，4 类病原微生物	●实验室辅助人员被感染	☆未感染动物和感染 4 类病原微生物动物的环境消毒灭菌不彻底	●选择合适的消毒剂 ●环境消毒应按照 SOP 进行 ●制定并评估消毒方案 ●环境消毒后做目标病原微生物培养实验验证消毒效果

续表

对象	关键风险识别点	动物病原微生物分类	可能后果	风险等级	动物实验操作相关预防措施
实验室空间	●环境消毒灭菌不彻底	1，2类病原微生物	●病原微生物外泄污染外环境 ●对后续实验造成污染 ●形成重组病原微生物	★★感染3类病原微生物动物的环境消毒灭菌不彻底 ★★★感染1，2类病原微生物动物的环境消毒灭菌不彻底	●选择合适的消毒剂 ●环境消毒应按照SOP进行 ●制定并评估消毒方案 ●环境消毒后做目标病原微生物培养实验验证消毒效果

（2）关键风险识别点：消毒剂残留

对象	关键风险识别点	动物病原微生物分类	可能后果	风险等级	动物实验操作相关预防措施
实验室空间	●消毒剂残留	无病原微生物 3，4类病原微生物 1，2类病原微生物	●实验室墙面被腐蚀 ●实验室环境被污染 ●危害实验室人员健康 ●危害实验室动物健康	☆残留少量有刺激性气味，可通过净化去除 ★★实验室墙面被腐蚀，污染实验室环境，危害实验室人员健康，危害实验室动物健康	●选择合适的消毒剂 ●环境消毒应按照SOP进行 ●制定并评估消毒方案 ●选择合适的中和试剂 ●通过自净达到净化效果 ●进行残留检测

参考资料

[1] 世界卫生组织. 实验室生物安全手册. 3版. 2014，日内瓦

[2] 中华人民共和国国家质量监督检验检疫总局，中国国家标准化管理委员会.《实验室生物安全通用要求》(GB 19489—2008)

[3] 中华人民共和国国务院令第424号《病原微生物实验室生物安全管理条例》(2004年, 2018年修改)

[4] 中华人民共和国卫生和计划生育委员会.《病原微生物实验室生物安全通用准则》(WS 233—2017)

[5] Delany JR, Pentella MA, Rodriguez JA, et al. Centers for disease control and prevention. Guidelines for biosafety laboratory competency: CDC and the Association of Public Health Laboratories. MMWR Suppl, 2011, 60(2): 1-23

[6] 王宇. 实验室生物安全国内外法规和标准汇编：2006年版. 2006，北京：北京大学医学出版社

[7] 张连峰, 秦川. 常见和新发传染病动物模型. 2012, 北京: 中国协和医科大学出版社

[8] 秦川, 高虹. 实验动物疾病. 2018, 北京: 科学出版社

[9] 秦川. 医学实验动物学. 2 版. 2015, 北京: 人民卫生出版社

[10] 卢耀增. 实验动物学. 1995, 北京: 北京医科大学中国协和医科大学联合出版社

[11] Wolfe-Coote S. The Laboratory Primate. 2005, New York: Academic Press

[12] WHO Animal Influenza Manual. http: //whqlibdoc. who. int/hq/2002/WHO_CDS_CSR_NCS_2002. 5

[13] 苗明三. 实验动物和动物实验技术. 2003, 北京: 中国中医药出版社

[14] 孙敬方. 动物实验方法学. 2001, 北京: 人民卫生出版社

第三章 动物实验意外事故应急处置

为保障实验室安全稳定运转，应制定有效的意外事故处置预案，包括评估可能出现的意外事故，意外事故存在的风险，应急处置程序和控制措施，以确保实验室在发生生物安全事件时，有充分的应急准备（包括应急物资、应急技术培训、应急演练等），可以有序应对突发事件，信息交流通畅，处置得当，控制安全事件进一步扩大，将危害限制在可控最低水平，从而保障实验室相关人员健康和安全，保障环境不受污染。

本章将从动物实验生物安全意外事故类型、处置原则、处置程序、处置措施几个方面详细介绍。

一、动物生物安全实验室意外事故类型

1）实验室内紧急事故：①刺伤或切割伤；②动物抓伤或咬伤；③动物逃逸；④有害气体泄漏；⑤感染性物质暴露；⑥遗洒或溅落导致生物、化学污染；⑦恶意破坏。

2）自然灾害：火灾、水险、地震。

二、动物生物安全实验室意外事故处置原则

1）应预先评估可能发生的意外事故，并制定应急预案和对应的处置程序。

2）根据应急预案和处置程序定期培训与演习，针对意外事故能够做到有序、熟练处置。

3）以预防为主，建立科学的监督和管理程序，主动监督，并有相应的惩戒措施。

三、动物生物安全实验室意外事故处置程序和措施

发生应急事件时，以保护工作人员健康和安全，将对实验环境和外部环境的污染降到最低为原则。事故发生第一时间通知实验室或研究机构安全负责人和实验室负责人，由机构迅速启动应急小组，应急小组成为应急事件处理总指挥和决策人。同时启动应急预案，由应急小组按照应急预案指挥和实施处置措施。完成事故处置后填写事故处置报告并存档。报告应包括事故发生过程、原因分析、影响范围、后果评估、采取的措施、所采取措施有效性的追踪、预防类似事件发生的建议及改进措施等。

1. 实验室内紧急事故

1）刺伤或切割伤：伤者立即脱下防护装备，清洁双手和受伤部位，使用应急预案储备的消毒剂；送医院救治时需讲明受伤原因及相关微生物，根据具体情况做相应处置，如给予对应抗病毒治疗等。同时做好事故记录。

2）动物抓伤或咬伤：伤者立即脱下防护装备，清洁双手和受伤部位，使用应急预案储备的消毒剂；野生动物或感染动物抓伤或咬伤应根据感染病原微生物做对应治疗，未感染病原微生物应注射破伤风疫苗。实验动物如小鼠和大鼠咬伤后对应部位消毒即可，不必注射破伤风。同时做好事故记录。

3）动物逃逸：根据动物种类和习性用可靠的方式固定笼具，并配置抓捕工具，由培训合格的技术人员抓捕动物。评估动物污染环境或被环境污染的情况，确定后续处置方式。同时做好事故记录以备后续追踪和处置。

4）有害气体泄漏：所有人员立即撤离相关区域，并张贴“禁止入内”标志。立即报告安全负责人，在专业技术负责人指导下清除污染。事后

写出报告及原因，并制定预防措施。

5）感染性物质的暴露：立即用浸泡在消毒液中的布覆盖感染性物质表面，作用一定时间后（具体时间根据风险评估中消毒剂的时间处置）将布清理掉，然后用消毒剂消毒擦拭污染区域。事后写出报告，并制定纠正预防办法。

6）运行中盛有潜在感染性物质的离心管发生破裂：立即关闭机器电源，让离心机密闭静置使气溶胶沉积（静置时间根据风险评估确定），然后戴上结实的手套进行处理。清理裂开的塑料制品时，使用镊子，或用镊子夹着棉花。将转子、轴、吊篮及盖子、裂开的离心管放入无腐蚀性的消毒液中浸泡 24h 或高压灭菌。未破损的带盖离心管应放在另一个有消毒剂的容器中，然后回收。离心机内腔应在相关技术人员指导下，用无腐蚀性的消毒液擦拭 2 遍以上，再用水冲洗并干燥。清洁时使用的所有材料均按感染性废物处理。事后写出报告，并提出纠正预防措施。

7）当操作感染性材料时，如果发生感染性材料溅到或沾到手、脸等皮肤上，应立即用对应消毒剂充分清洗皮肤，然后用清水充分清洗消毒剂。如果感染性材料溅到眼里，则应立即用清水冲洗干净。在操作感染性材料时要事先做好防护，根据操作病原微生物的传播途径做对应防护，可经黏膜感染如可经眼、口、鼻感染，需做对应防护，应该尽可能避免生物安全事故的发生。

8）在发生事故或泄漏导致生物、化学污染时，实验室内的设备在保养或修理前对每件设备用适当的方法、选择合适的消毒剂去污染和净化。

9）恶意破坏：恶意破坏经常是有选择性的，根据门禁系统和本实验室监视系统的记录，定期监督检查核对样本数量，发现问题及时报告卫生部门和公安部门，并根据情况进行事故后处理，将损失减少到最低限度。

2. 火灾、水险、地震

1）动物生物安全实验室发生无法控制的火灾、水灾、地震时，实验室人员立即放下手上的工作，按照发光疏散指示标志逃离实验室。操作病原微生物的实验室应将正在操作的病原微生物投入消毒剂中灭活，正在操作动物时应关闭并扣锁动物笼具，防止动物逃逸污染外界环境，逃生后立即通知安全负责人。

2）出现可控制的小型火情时，实验室人员用实验室内存放的灭火器或湿布等进行灭火。发生局部火情，实验室监控人员立即通知实验室内工作人员迅速撤离，就近沿安全通道逃离，并立即拨打 119 报警。事后写出报告及事故原因，并协助安全负责人制定纠正预防措施。

3）发生供水管道破裂时，立即向后勤服务中心报告关闭水闸，并向安全负责人报告。安全负责人组织有关人员尽快维修，并制定有效的预防措施。

4）下水管道破裂或堵塞时，立即停止排放下水，并立即报告安全负责人或实验室主任。将污染的设备放置在安全地点，感染性物质收集在防漏的盒子内或结实的一次性袋子中，并按照所在机构的废物处置程序处理，防止传播。同时注意工作人员自身防护，所有操作要戴手套。事后写出报告及事故原因，安全负责人立即召集生物安全小组对可能潜在的危险进行评估，并制定纠正预防措施，防止类似事件发生。

3. 事故报告

1）实验室制定报告实验室事件、伤害、事故、职业相关疾病及潜在危险的规则和程序，符合国家和地方对事故报告的规定要求。

2）所有事故报告形成书面文件并存档（包括所有相关活动的记录和证据等文件）。报告包括事故的详细描述、原因分析、影响范围、后果评估、采取的措施、所采取措施有效性的追踪、预防类似事件发生的建议及改进措施等。

3）事故报告（包括采取的任何措施）应提交实验室安全委员会评审。

4）实验室任何人员不应隐瞒实验室活动相关的事件、伤害、事故、职业相关疾病及潜在危险，按国家规定上报。

4. 与指定医疗机构签订定点医疗点协议，必要时开展救治工作

进行特定病原微生物操作研究的机构需指定定点医疗机构，由其承担与高致病性微生物直接相关的工作人员的医疗救治工作。

参考资料

[1] 世界卫生组织. 实验室生物安全手册. 3版. 2014, 日内瓦

[2] 《中华人民共和国传染病防治法》(2004年, 2013年修订)

[3] 《中华人民共和国动物防疫法》(1998年, 2007年修订)

[4] 中华人民共和国国务院令第424号《病原微生物实验室生物安全管理条例》(2004年, 2018年修改)

[5] 中华人民共和国国务院令第450号《重大动物疫情应急条例》(2005年)

[6] 中华人民共和国国务院令第376号《突发公共卫生事件应急条例》(2003年, 2011年修订)

[7] 国家突发公共卫生事件应急预案. 2006. http://www.gov.cn/yjgl/2006-02/26/content_211654.htm[2020-1-7]

[8] 中华人民共和国国家质量监督检验检疫总局.《实验动物 环境及设施》(GB 14925—2010)

[9] 中华人民共和国国家质量监督检验检疫总局, 中国国家标准化管理委员会.《实验室生物安全通用要求》(GB 19489—2008)

[10] 中国实验动物学会. 《实验动物 动物实验生物安全通用要求》(T/CALAS 7—2017)

[11] Delany JR, Pentella MA, Rodriguez JA, et al. Guidelines for Biosafety Laboratory Competency: CDC and the Association of Public Health Laboratories. Morbidity and mortality weekly report. Supplements, 2011, 60(2): 1-23

[12] USA CDC/NIH. Biosafety in Microbiological and Biomedical Laboratories. 5th ed. 2007. https://www.cdc.gov/labs/BMBL.html?CDC_AA_refVal=https%3A%2F%2Fwww.cdc.gov%2Fbiosafety%2Fpublications%2Fbmbl5%2Findex.htm[2020-1-7]

第四章　动物生物实验室的消毒和灭菌

消毒和灭菌是保证动物生物安全实验室安全运转及保护环境的关键环节，为了保证实验室的安全必须在动物实验过程中进行消毒和灭菌。

根据杀菌效果消毒剂可以分为高、中、低效 3 类：①高效消毒剂，可杀灭各类微生物，包括细菌和真菌孢子；②中效消毒剂，能灭除细菌芽孢以外的各种微生物；③低效消毒剂，只能杀灭细菌繁殖体和亲脂类病毒，对真菌有一定作用。

一、常用的消毒灭菌方法

常用的消毒灭菌方法分为物理法和化学法。无论采用何种方法，实验室均需对所采用的消毒灭菌方法进行验证以选择合适的方法，在进行消毒灭菌处理时则需注意消毒效果的验证以确保消毒灭菌效果。

1. 物理消毒灭菌法

可用于消毒灭菌的物理因素有热力、电离辐射、过滤等，其工作原理及使用范围和优缺点见表 4.1。

表 4.1　常用物理消毒法

消毒灭菌方法	原理	适用的消毒物品	优缺点	备注
1.湿热灭菌法	在同样温度和时间下，湿热灭菌效果较干热好，其主要原理是：①湿热灭菌法水分充足，蛋白质可迅速变性；②湿热灭菌法传导快、穿透力强，可使物品内部温度迅速上升；③蒸汽有潜热效应，即当水蒸气接触到物体凝结成水时，放出潜热以增强灭菌作用。			

续表

消毒灭菌方法	原理	适用的消毒物品	优缺点	备注
(1) 煮沸法或流动蒸汽法	在1个大气压下水的沸点为100℃，5～10min可杀灭细菌繁殖体。若加入1%～2%碳酸氢钠，可提高沸点至105℃，增强灭菌作用。 流动蒸汽原理等同于“蒸笼”。	可用于杯盘、剪刀、水瓶和镊子等物品的消毒灭菌。	不一定能杀死所有的微生物或病原微生物。 不适用于饲料的消毒。	在无其他消毒方法可选择时作为基本的消毒措施。 高原地区沸点达不到100℃，可按海拔每升高300m，延长消毒时间2min，以达到预期效果。
(2) 高压蒸汽灭菌法	高压蒸汽灭菌器可使温度升高至121℃，若维持20min即可杀灭包括芽孢在内的所有微生物，达到灭菌目的。	适用于器具、手术敷料、生理盐水和普通培养基及动物垫料、标本、尸体等的消毒灭菌。	不适用于不耐高温、高湿物品的消毒，蒸汽无法穿透的物品不能用。	可使用下列组合进行灭菌：134℃，3min; 126℃，10min; 121℃，15min; 115℃，25min。 装载时必须注意空气的流通。
2.干热灭菌法	热力通过空气对流和介质传导进行灭菌，包括干热（烤）灭菌法和焚烧法。 干热（烤）灭菌法是加热至160℃，经1～2h即可达到灭菌的目的。 焚烧法是彻底灭菌的方法。	适用于耐热和怕潮湿的物品，如玻璃器皿、金属器械、粉剂、油类制剂或不易蒸发物品等。	不适用于纤维织物和塑料制品的灭菌。	以160~180℃温度加热2h，可杀死一切微生物，包括芽孢。
3.辐射杀菌法	辐射有两种，一为非电离辐射，如可见光、日光、紫外光等；另一为电离辐射，如α、β、γ、X射线等。			
(1) 电离辐射	主要包括γ射线和X射线及加速电子束等。电离射线具有较高的穿透力，可破坏细胞的核酸、蛋白质和酶，可产生极强的致死效应。	适用于饲料、垫料和器具，以及不耐热的医疗塑料制品如注射器、试管、吸管及导管等的灭菌。	基本建设投资大；对人体有伤害，需特殊防护。	电离辐射可用于食品消毒而不破坏其营养成分，并可保鲜。

续表

消毒灭菌方法	原理	适用的消毒物品	优缺点	备注
（2）紫外光	波长在 200～300nm 的紫外光均有灭菌杀菌作用，以 265～266nm 波长的紫外光杀菌能力最强，与 DNA 吸收光谱范围一致，使相邻的胸腺嘧啶以共价键结合，形成二聚体，干扰 DNA 的复制、转录，导致细菌突变或死亡，以达到灭菌消毒的效果。	适用于对室内空气、物体表面消毒。紫外光照射消毒时，应考虑消毒空间大小和照射距离，一般照射距离为 30cm～1m，照射时间为 30min～1h。	紫外线穿透力弱，可被普通玻璃、纸张、尘埃、水蒸气等阻挡，故只能用于物体表面及房间空气的消毒。 紫外灯管随着使用时间的增加其灭菌效果减弱，需定期检测其效能并及时更换灯管。	紫外线对人体皮肤、眼有损伤，使用时应注意防护。
4.滤器除菌法	滤器除菌是利用物理阻留的方法去除液体或空气中的细菌或真菌，以达到无菌目的。			
（1）滤菌器	一般除菌滤膜的孔径为 0.22μm。常用滤菌器有玻璃滤菌器、石棉板滤菌器和滤膜滤菌器。	用于对不耐热或不能用消毒剂灭菌的血清、药液、毒素等制剂的除菌。	不能去除病毒、支原体和 L 型细菌。	
（2）高效空气颗粒过滤器	可去除空气中小于 0.3μm 的颗粒。	用于实验室、手术室、负压病房、实验室及生物安全柜的空气除菌。	更换成本较高。	安装在送风口（空气净化）和负压生物安全实验室的排风口（防止病原微生物外泄）。

2. 化学消毒法

化学消毒剂种类繁多，杀菌原理有差异，可概括为：①使微生物蛋白质变性与凝固，如醇（乙醇）、酚（石炭酸）、重金属（升汞）等消毒剂；②干扰微生物酶系统和代谢，如氧化剂（高锰酸钾、过氧化氢等）

可以使酶的-SH 基氧化为-S-S-基，从而失去活性；重金属（银、铜、汞等）可与-SH 基结合使酶失活；③损伤细菌的细胞膜，新洁尔灭（苯扎溴铵）、肥皂等消毒剂损伤细菌的细胞膜，引起其渗透性改变，从而导致细菌死亡。化学消毒剂对人体组织有毒性作用，只能外用或用于环境消毒，对物体有腐蚀作用，且对环境有污染。因此化学消毒剂使用时要适量，作用时间不可过长。

能杀死微生物的化学药品颇多，不同消毒剂的消毒效果及作用特点不同，针对不同病原或需消毒物品需采用不同的消毒剂，我们在表 4.2 列举了常用的消毒剂及适用范围和优缺点。

表 4.2 常用消毒剂

消毒剂类别	消毒剂	消毒效率	使用范围与适用材质	优缺点	常用参考浓度范围
含氯消毒剂	次氯酸钠、次氯酸钙、氯化磷酸三钠、二氯异氰尿酸钠、三氯异氰尿酸、氯铵-T	高效消毒剂	含氯消毒剂可用于被污染物品的浸泡消毒，表面擦拭消毒，室内空气的熏蒸消毒，饮用水、污水的净化消毒，环境及疫源地的喷洒消毒。 对金属有腐蚀性，不能用于金属材料的表面消毒、对织物有漂白作用。	优点：可杀灭各种微生物，包括细菌繁殖体、病毒、真菌、结核杆菌和耐受性最强的细菌芽孢。 缺点：消毒效果受有机物影响大；无机氯性质不稳定，易受光、热和潮湿影响，丧失其有效成分；有机氯则相对稳定，但是溶于水之后均不稳定。	250~500mg/L
过氧化物类消毒剂	过氧化氢、过氧乙酸	高效消毒剂	对金属及织物有腐蚀性。可用于玻璃、塑料、搪瓷、不锈钢、化纤等耐腐蚀物品的消毒，也可用于消毒地面、污水、实验室空间。	优点：杀菌力强、杀菌谱广；高效、速效，低温下仍可保持良效；分解产物无害、无残留毒性；易溶于水、使用方便；工艺简便、价格便宜。 缺点：易分解、不稳定；对物品有漂白腐蚀作用；对人体有刺激性和毒性。	过氧化氢 1.5%~6.0%；过氧乙酸 0.1%~0.2%

续表

消毒剂类别	消毒剂	消毒效率	使用范围与适用材质	优缺点	常用参考浓度范围
醛类消毒剂	甲醛	高效消毒剂	35%～40%的甲醛水溶液俗称福尔马林，具有防腐杀菌性能，可用于实验室内环境、用具、设备的消毒，尤其适用于对疫源地芽孢的消毒。常用于实验室熏蒸消毒（每立方米按40%甲醛10mL配高锰酸钾5g计算用量）	优点：灭菌作用较强；作用谱广，对细菌繁殖体、芽孢、病毒和真菌均有杀灭作用。作用的最适温度为24~40℃，相对湿度65%以上。缺点：有刺激性和毒性，长期使用会致痛，易造成皮肤上皮细胞死亡；起作用受污物、温度、湿度影响大；易产生过敏反应，引起哮喘。	360~400g/L
	戊二醛	高效消毒剂	可用于不耐热的医疗器械的灭菌。	优点：广谱；在使用浓度下刺激性小、腐蚀性低、安全低毒；受有机物影响小。缺点：灭菌时间长，一般需要10h；有一定的毒性，可引起支气管炎及肺水肿；灭菌后的医疗器械需用蒸馏水充分冲洗后才能使用。	20g/L
	邻苯二甲醛	高效消毒剂		具有戊二醛的广谱、高效、低腐蚀等优点，但相比戊二醛，它的刺激性较小，使用浓度更低，有可能成为戊二醛的替代品。	0.5%~0.6%
醇类消毒剂	乙醇	中效消毒剂	75%的乙醇溶液常用于浸泡、擦拭消毒。对金属无腐蚀性，可用于手部皮肤消毒，金属表面、聚氯乙烯）（PVC）和环氧树脂地面、塑料等的消毒。	优点：作用快，且基本无毒或腐蚀性。缺点：不能杀灭细菌芽孢、真菌和某些病毒（如乙型肝炎病毒、无包膜病毒）。	75%
	异丙醇	中效消毒剂	70%的异丙醇溶液用于浸泡、擦拭消毒。	优点：溶解脂类的能力比乙醇大，所以有更好的消毒效果。缺点：对眼、鼻、喉有轻微刺激性。	70%

续表

消毒剂类别	消毒剂	消毒效率	使用范围与适用材质	优缺点	常用参考浓度范围
含碘消毒剂	碘酊（碘酒）	中效消毒剂	碘酊适用于注射及手术部位皮肤的消毒。	优点：杀菌作用比75%乙醇和碘伏强，穿透力强，可杀死阿米巴原虫、病毒、真菌、细菌等。碘酊的浓度越高，杀菌能力越强，但随之刺激性和腐蚀性也会增强。2%碘酊可用于皮肤消毒，但作用2~3min后需用75%乙醇脱碘。 缺点：刺激性大，使用时伤口疼痛；还会破坏正常组织，导致伤口愈合减缓并留瘢痕。现碘酊有被碘酒取代的趋势。	1%~2%
	碘伏	中效消毒剂	碘伏主要适用于实验人员手、皮肤消毒，有些可用于黏膜消毒。可用于处理挫伤、擦伤、切割伤、冻伤、烧伤等各种外伤，也可用于专业的手术消毒。	优点：应用范围广泛，可杀灭芽孢、原虫、病毒、真菌、细菌；引起的刺激疼痛较轻微。 缺点：穿透力不如碘酊强。	1%~2%
酚类消毒剂	苯酚、甲酚、卤代苯酚等	中效消毒剂	用于墙面、地面、车辆、环境、器物的消毒。	优点：性质稳定，在酸性介质中作用较强。 缺点：有特殊气味，对皮肤有刺激作用，对动物体毒性较强。	1%~10%
胍类消毒剂	乙酸氯己定（洗必泰）、盐酸氯己定、葡萄糖酸氯己定、聚六亚甲基双胍等	低效消毒剂	适用于外科洗手消毒，手术部位皮肤和黏膜消毒。	优点：抑制细菌生长的浓度低；杀菌谱广；对病毒有较好的灭活作用；可抑制或灭杀黏泥菌和藻类。 缺点：消毒效率相对较低。	2~45g/L

续表

消毒剂类别	消毒剂	消毒效率	使用范围与适用材质	优缺点	常用参考浓度范围
季铵盐类消毒剂	新洁尔灭	低效消毒剂	阳离子表面活性剂类广谱杀菌剂，对金属无腐蚀性，对皮肤无刺激性，可用于皮肤消毒、黏膜消毒、食具和纺织消毒、工农业中运用。	优点：有消毒与去污能力，毒性小，无腐蚀性，受pH变化的影响小，化学性能稳定，分散作用好。 缺点：对革兰氏阴性菌和肠道病毒作用弱，对结核杆菌和芽孢无效；易受水质硬度及有机物影响。	200~2000mg/L
杂环类消毒剂	环氧乙烷	高效消毒剂	适用于各种忌热忌湿仪器、物品的灭菌消毒等。	优点：杀菌力强、杀菌谱广、穿透力强，可杀灭各种微生物包括细菌芽孢。 缺点：易燃、易爆，且对人有毒，必须在密闭的环氧乙烷灭菌器使用。	1~50mg/m^3

化学消毒剂的作用受外界因素影响。以下列举影响化学消毒剂消毒效果的主要因素。

（1）性质、浓度与作用时间

不同消毒剂的理化性质不同，因此对微生物的作用各异，应根据目标微生物选择相应的消毒剂。消毒剂作用时间不同，消毒效果也不同。消毒剂根据说明书配制的工作浓度可以达到良好的消毒效果，尤其是操作未知病原微生物时应该根据具体操作内容测试消毒效果。另外值得注意的是，乙醇在75%浓度时消毒效果最佳，如浓度过高可使菌体蛋白质凝固，影响消毒剂的渗入，降低杀菌效果。氧化剂有较强杀菌能力，但对金属有腐蚀作用，应避免用于精密金属仪器的消毒。

（2）微生物种类与数量

微生物对消毒剂的敏感性从大到小为：真菌、细菌繁殖体、有包膜病毒、无包膜病毒、分枝杆菌、细菌芽孢。不同种类或不同型别甚至不同株微生物对化学消毒剂的敏感性不同。微生物的数量越多，消毒越困难，因此需要确定对目标病原微生物有效的消毒剂，根据消毒目标确定作用浓度和时间，最好选择对多种病原微生物都有效的消毒剂，提高使用效率，降低操作难度。

（3）温度

在一定范围内，室内温度升高可以增强消毒剂的消毒效果。

（4）酸碱度

按消毒剂性质而定，季铵盐类阳离子消毒剂（如新洁尔灭）在碱性条件下杀菌作用增强；酚类等阴离子消毒剂则在酸性条件下杀菌作用增强。

（5）有机物

消毒剂与有机物结合可减弱消毒剂的杀菌效能。因此在消毒皮肤或器械时，需先洗净或中和消毒剂后再用药。对于痰、粪等的消毒，宜选用受有机物影响小的药物，如生石灰、漂白粉等。

二、动物生物安全实验室消毒灭菌原则

动物生物安全实验室应根据风险评估结论确定合适的消毒灭菌方案，消毒方案包括以下内容：明确消毒灭菌的目标、确定有效的消毒剂、确定消毒时机、评估消毒方案、消毒效果检测和验证。消毒方案以实验活动和涉及的病原微生物为核心制定，涉及消毒的内容包括：实验室环境、实验室装修材质、仪器设备、动物、操作人员、个人防护装备、实验材料等，接下来将根据以上内容介绍消毒灭菌的原则。

1. 根据病原微生物选择消毒和灭菌原则

根据病原微生物特性选择合适的消毒剂或消毒灭菌方式，当可供选

择的消毒剂种类较多时，应根据以下原则进行筛选：①对操作者和环境无毒无害，或危害最小；②可以高效杀灭病原微生物；③容易获得、简单易操作；④稳定性好；⑤价格经济实惠。作用方式应选择简单易行的方式。我们在表 4.3 中列举了不同类病原微生物的抵抗力及对消毒剂的敏感性。

表 4.3　常见病原微生物的特性及常采用的消毒剂

常见病原微生物	主要生物学特性及抵抗力	消毒方式
细菌	包括革兰氏阳性或阴性菌；可形成芽孢的细菌；分枝杆菌等。	
可形成芽孢的致病菌	炭疽芽孢杆菌、破伤风梭菌、产气荚膜梭菌可形成芽孢，耐强酸、耐强碱、抗消毒剂。	10%~30%甲醛溶液或 10%次氯酸溶液、高压蒸汽灭菌。
抵抗力强的革兰氏阳性菌，如金黄色葡萄球菌	对热和干燥的抵抗力较一般无芽孢细菌强，80℃加热 30min 才被杀死；对碱性染料敏感，浓度为十万分之一的龙胆紫液即可抑制其生长。	在 5%石炭酸中经 10～15min 死亡。
肺炎链球菌	抵抗力较弱，56℃加热 15～30min 即被杀死；对青霉素、红霉素、林可霉素等敏感。	对一般消毒剂敏感。
革兰氏阴性菌，如霍乱弧菌	对热、干燥、日光、化学消毒剂和酸均很敏感，耐低温、耐碱。	55℃湿热 15min，100℃加热 1～2min，水中加 0.00005% 氯经 15min 可被杀死；对一般消毒剂敏感。
幽门螺杆菌	耐酸。	煮沸、含氯消毒剂可杀灭。
布鲁氏菌	革兰氏阴性菌，对热抵抗力弱，60℃加热或日光下曝晒 10~20min 即可杀灭；对一般消毒剂敏感。	对常用的化学消毒剂（如 10%～20%石灰乳或漂白粉）敏感。
绿脓杆菌	革兰氏阴性菌，机会致病菌，可引起医院感染，耐药性强。	常用消毒剂有乙醇、碘伏、新洁尔灭、乙酸氯己定(洗必泰)。
结核分枝杆菌	分枝杆菌属的细菌细胞壁脂质含量较高，约占干重的 60%，特别是有大量分枝菌酸包围在肽聚糖层的外面，可影响染料的穿入。	煮沸消毒是最有效最经济的方法；醇脂性溶剂——乙醇能渗入其脂层而发挥作用，用 75%乙醇消毒 2min 便可杀灭。
无包膜病毒	对理化因素抵抗力较具有包膜的病毒强。	

续表

常见病原微生物	主要生物学特性及抵抗力	消毒方式
新型肠道病毒（EV71）	病毒呈球形，衣壳 20 面体立体对称，无包膜；耐乙醚、耐酸（pH 3~5）、耐胆汁；手足口病的病原之一。	可用含氯消毒剂，煮沸。
甲型肝炎病毒	无包膜，对乙醚、60℃加热 1h 及 pH 3 的作用均有相对的抵抗力（在 4℃可存活数月）；非离子型去垢剂不破坏病毒的传染性。	100℃加热 5min 及用 5%～8%甲醛溶液或 75%乙醇可迅速灭活。
腺病毒	无包膜，耐温、耐酸、耐脂溶剂的能力较强，56℃加热 30min 可被灭活；对酸和乙醚不敏感。	建议使用中等效果以上的消毒剂；空气消毒可以使用 1.5%~3%过氧化氢，气溶胶采用喷雾消毒 20min 即可；含氯消毒剂可以用于消毒被该病毒污染的各种物品表面。
诺如病毒	无包膜，急性病毒性胃肠炎的病微生物原之一，使用化学消毒剂是阻断诺如病毒传播的主要方法之一，其通过被污染的环境或物品表面进行传播。	最常用的是含氯消毒剂，按产品说明书现用现配。
有包膜病毒	病毒包膜含脂质，其对理化因素的抵抗力低于无包膜病毒	
人体免疫缺陷病毒（HIV）	病毒包膜含脂质；抵抗力较低，在体外生存能力极差，不耐高温；对热敏感，在 56℃条件下经 30min 即失去活性；对紫外光、γ 射线有较强抵抗力。	对消毒剂和去污剂敏感，0.2%次氯酸钠、0.1%漂白粉、75%乙醇、35%异丙醇、50%乙醚、0.3%过氧化氢、0.5%来苏尔处理 5min 可灭活，1% NP-40 和 0.5% triton-X-100 可灭活但保留抗原性。
流感病毒、呼吸道合胞病毒等	有包膜，抵抗力较弱，不耐热，对干燥、日光、紫外光及乙醚、甲醛、乳酸等化学药物敏感；室温下传染性很快丧失，但在 0～4℃能存活数周，−70℃以下或冻干后能长期存活。	56℃加热 30min 即可灭活；75%乙醇和常用消毒剂如氧化剂、脱氧胆酸钠、羟胺、十二烷基硫酸钠及铵离子、含氯制剂、碘剂等，均可破坏其传染性。
乙型肝炎病毒（HBV）	对外界环境的抵抗力较强，对低温、干燥、紫外光均有耐受性；不被 70%乙醇灭活。	常用的含氯制剂如 0.5%的次氯酸钠和过氧乙酸、环氧乙烷、碘制剂及戊二醛等常用于其的消毒。

续表

常见病原微生物	主要生物学特性及抵抗力	消毒方式
流行性乙型脑炎病毒	有包膜，对酸、乙醚和三氯甲烷等脂溶剂敏感，不耐热，56℃加热 30min、100℃加热 2min 均可使之灭活。	对化学消毒剂较敏感，多种消毒剂可灭活。
狂犬病病毒	形态子弹状，有包膜；对热、紫外光、日光、干燥的抵抗力弱；病毒悬液经 56℃加热 30~60min 或 100℃加热 2min 后即失去活力，但在脑组织内的病毒于室温或 4℃条件下可保持传染性 1~2 周；冷冻干燥后的病毒可保存数年；酸、碱、脂溶剂、肥皂水、去垢剂等有灭活病毒的作用。	对碱性或酸性消毒剂如石炭酸、37%～40%甲醛溶液、升汞等较为敏感；0.1%升汞液，1%~2%肥皂水、75%乙醇、5%碘液、丙酮、乙醚等都能杀灭。
朊病毒	朊病毒是一类侵染动物并能在宿主细胞内复制的小分子无免疫性疏水蛋白质；对干热、煮沸、甲醛、尿素、乙醇、电离辐射等有很强的抵抗性。	1mol/L 氢氧化钠处理 1h 或高压（134℃）2h、5%次氯酸钠能灭活。
真菌	孢子是真菌的繁殖结构，由生殖菌丝产生；真菌的孢子和细菌的芽孢不同，其抵抗力不强，60～70℃加热短时间即可死亡。	
新生隐球菌、白色念珠菌、曲霉等	为圆形酵母型菌，菌体外周有一层肥厚的胶质样荚膜，菌体内有一个或多个反光颗粒；菌体可见芽生孢子，但不形成假菌丝，这是本菌的形态特点；非致病性隐球菌无荚膜。	甲醛、石炭酸、碘酊和过氧乙酸等化学消毒剂均能迅速杀灭，65%～80%乙醇作用 1~5min 可杀灭孢子。
支原体	耐碱，不耐酸；对青霉素不敏感。	对脂溶剂、去垢剂、苯酚、甲醛等常用消毒剂敏感。
衣原体	为圆形或椭圆形，对热敏感，在 60℃仅能存活 5～10min；耐冷，在−70℃可保存数年，冷冻干燥可保存 30 年以上。	常用消毒剂能迅速杀灭，如 75%乙醇处理 30s 或 2%来苏液处理 5min 均可杀死。
立克次体	胞内寄生，对热、光照、干燥及化学药剂抵抗力弱。	56℃加热 30min 即可杀死，100℃很快死亡，对一般消毒剂敏感。
钩端螺旋体	对干燥非常敏感，在干燥环境下数分钟即可死亡。	常用的消毒剂如 1/20 000 米苏溶液（即煤酚皂溶液）、1/1000 苯酚、1/100 漂白粉液均杀。

2. 动物生物安全实验室仪器设备的消毒原则

动物生物安全实验室内的仪器设备涉及以下几个方面：动物饲养笼

具、动物操作仪器设备、样本处理和分析仪器等。不仅需根据操作病原微生物的生物学特性和其对物理化学因子的敏感性选择消毒剂，同时应考虑各种仪器设备材质特性的不同。选择合适的消毒剂和消毒（表 4.4），可在消毒的同时有效保护仪器设备，避免因消毒剂使用不当对设备造成损害。动物生物安全实验室内的仪器设备也应该选择耐腐蚀的设备。

表 4.4 仪器设备消毒灭菌注意事项和推荐的常用消毒剂

情况分类	消毒灭菌注意事项	推荐常用消毒剂
高压蒸汽灭菌器	动物生物安全实验室内使用的高压蒸汽灭菌器应尽量避免含有氯离子和对不锈钢有腐蚀性的介质，否则会影响灭菌器的使用寿命，内胆经高压灭菌后清洁（建议找维护人员进行）。	表面可用腐蚀性小的消毒剂擦拭消毒。
IVC 笼具	IVC 笼盒：为聚亚苯基砜树脂（polyphenylene sulfone resins PPSU）材质，抗腐蚀和耐高温能力都很强，在操作进出生物安全柜时，可依据所使用病原微生物选择相应消毒剂，如医用酒精、含氯消毒剂或甲醛等进行消毒灭菌，而在出屏障进行清洗前，可采用高压蒸汽灭菌器对整个笼盒进行消毒灭菌，而后进行清洁处理。 IVC 笼架：一般为 304 不锈钢材质，抗腐蚀能力也很强，在对其进行消毒时，也可采用医用酒精、含氯消毒剂，生物安全实验室空间消毒使用甲醛或过氧化氢熏蒸	医用酒精、含氯消毒剂、甲醛或过氧化氢。
生物安全柜	在每次实验使用前后，可采用医用酒精擦拭消毒；如使用具有腐蚀性的消毒剂如含氯制剂等处理后，还需用无菌水再次进行擦拭；可用过氧化氢蒸气发生器，但操作不方便，该法适用于终末消毒。	75%乙醇、含氯消毒剂、过氧化氢蒸气发生器或甲醛。
生物安全换笼柜	尽量不使用含氯消毒剂清洁生物安全柜，以免其被腐蚀，可使用烧碱、氨水清洗机器塑料表面；切勿用水冲洗机器及电器组件，可造成不可逆转的损坏。 建议使用甲醛或过氧化氢蒸气发生器进行安全柜的熏蒸消毒。	75%乙醇可用于表面消毒；过氧化氢蒸气发生器或甲醛。
冰箱、冰柜	在对动物生物安全实验室内冰箱、冰柜进行消毒处理时，可用 0.3%的过氧乙酸对外表面进行擦拭，作用 30min。 打开冰箱、冰柜，清点内存物品，并根据需要对样品做相应的处理；清点完毕后，将冰箱、冰柜停电化冻，将化冻水小心地收集在容器内，按 1000mg 有效氯/L 的量将消毒剂投入污水中，搅匀，作用 30min。 冰箱、冰柜内外表面可用 0.3%过氧乙酸喷洒或擦拭消毒并作用 30min，用清水擦洗冰箱冰柜内外表面，然后用干布擦干。	0.3%过氧乙酸、含氯消毒剂。

续表

情况分类	消毒灭菌注意事项	推荐常用消毒剂
精密仪器	在对动物生物实验室内的贵重仪器，如显微镜、分光光度计、离心机、酶标仪、PCR扩展仪、气相色谱仪、培养箱等消毒时不宜加热，不能用消毒剂浸泡的仪器，局部轻度污染时，可用医用酒精重复擦拭2次；污染严重、传染性强的，可将需消毒仪器集中放入房间内，然后将房间密闭，以25mL/m^3计算甲醛的用量，然后熏蒸12h。	75%乙醇可用于表面消毒；过氧化氢蒸气发生器或甲醛。
小型仪器	动物生物安全实验室内的体重称量天平、笔记本、传真机等，均可用医用酒精重复擦拭2次，然后开启紫外灯照射30min。	75%乙醇可用于表面消毒。

3. 根据生物安全实验室装修材质选择消毒剂

生物安全实验室的装修材质主要有钢、铁、PVC、塑料、玻璃等。首先实验室内装修应该选择易消毒耐腐蚀的材质，同时要根据不同的实验室装修材质选择合适的消毒剂。例如，过氧化氢具有广谱、高效、速效杀菌的特点，但对金属有腐蚀性，使用该类消毒剂需要确定有效使用浓度和使用距离，降低对实验室的损害，延长实验室使用寿命。

4. 动物生物安全实验室消毒时机的选择

动物生物安全实验室消毒时机分为4个时段：实验室日常消毒、实验过程中消毒、每日实验结束后消毒和实验结束后终末消毒。消毒剂选择原则除了遵守环境消毒的原则，外还应确保对动物无毒无害或危害程度最低。

（1）动物实验室常用消毒剂的使用或选择原则

选择可以高效杀灭目标病原微生物的消毒剂，选择起效快、毒性低（操作人员、动物和环境危害性低）、相对广谱的消毒剂。应选择2种有不同效果的消毒剂交替使用，其中有一种能杀死细菌孢子。

（2）实验期间消毒的原则

应针对不同类型的病原微生物和操作内容选择有效的消毒剂，以达到彻底杀灭病原微生物的目的。例如，操作动物时涉及操作者手部消毒、发生动物排泄物或样本溅洒时消毒、操作台面或仪器表面消毒等。需要根据操作内容准备相应的消毒剂，及时对污染部位、仪器或操作表面消毒。进行高浓度病原体感染等实验时应准备消毒缸，应对溅洒等应急事故，如污染操作人员时应及时使用消毒剂进行表面喷淋后更换防护用具。低浓度样本滴落污染台面，应及时用消毒剂擦拭台面。高浓度样本溅落时应立即用浸泡消毒液的湿巾覆盖并根据风险评估结论进行后续处置。

（3）清场消毒灭菌的原则

实验结束后，应立即对实验环境进行消毒处理，确保将病原体控制在实验室内，再次进入实验室时处于洁净状态，确保操作者不被污染，同时确保本次操作病原体不对下次实验产生影响。对操作涉及的仪器设备、台面地面进行消毒。对需带出动物生物安全实验室的物品、外包装进行彻底灭菌。污染废物应经高压蒸汽灭菌后按规定进行无菌化处置。

（4）终末消毒的原则

实验完全结束后应进行彻底的终末消毒。选择消毒剂时兼顾病原微生物敏感性的同时要考虑消毒剂对设备、实验室装修材料的友好性。应全面考虑消毒对象，包括实验仪器、设施设备、环境等，选择合适的方式和手段，同时根据实验室空间大小和温度、湿度等条件，确定合适的作用浓度和作用时间，确保作用效果。对实验室进行彻底消毒，确保不留死角，使实验室内病原体被彻底消灭，无残留。消毒剂本身也具有危害性，应根据其作用原理让其充分分解，如不能分解需要进行实验室净化或加入合适的中和剂去除消毒剂残留。终末消毒结束后，需进行效果验证。

三、动物实验中主要的消毒灭菌环节

动物实验中涉及消毒灭菌的主要环节是：动物运输、动物检疫、动物饲养、动物操作、动物样本处置、尸体处理和操作人员防护服的消毒灭菌。

1. 动物运输中的消毒灭菌

动物运输：动物运输分为实验室外运输和实验室内运输。实验室外运输需确保包装严密，避免运输过程中外界环境的其他未知微生物污染动物。进入实验室时进行外包装消毒，确保外界未知微生物不被带进实验室内。实验室内运输应将动物包装好，确保动物毛发、分泌物和排泄物不污染环境，同时进行外包装消毒，确保不将病原微生物携带到其他实验室内。

2. 动物检疫中的消毒灭菌

动物检疫：动物进入实验室前需进行检疫。检疫期动物洗澡并进行消毒，排除动物感染其他疾病的可能后方可进入实验室，确保对实验环境和操作人员没有危害，或将危害降低到可控范围。

3. 动物饲养中的消毒灭菌

动物饲养过程中涉及的消毒灭菌步骤：动物饲料、饮用水和动物垫料的灭菌、笼具的更换和清理。

动物饲料的灭菌：使用灭菌合格的饲料，有合格资质证明，且在保质期内。包装符合国标 GB/T14924.1—2001 要求，外包装消毒后进入相应实验室内。

动物饮用水的灭菌：动物应饮用经高压灭菌处理的纯水，水瓶应经过高压灭菌处理并定期更换。

动物垫料的灭菌：应经高压灭菌处理，根据管理规定定期更换，应在防尘柜内进行，避免污染环境和操作者。

动物笼具的消毒：动物笼具应定期消毒，每批动物实验结束后应更换动物笼具，笼架用消毒剂擦拭。感染动物的笼具经消毒灭菌后需再清洁。

4. 动物操作中的消毒灭菌

1）为避免感染性动物对环境和操作人员的污染，实验所有操作均应在生物安全柜中进行。生物安全柜使用后需进行柜内的表面消毒。

2）如发生感染性物质溅洒（生物安全柜、地上等），应及时进行消毒处理。

3）进行动物操作时，操作人员如被动物血液等污染，应及时消毒并更换防护用具。

4）动物固定器、取样或解剖器械等，使用后应及时消毒处理。

5）在处理病原微生物的感染性材料时使用的可能产生气溶胶的搅拌机、离心机、匀浆机等设备，需进行消毒灭菌处理。

6）每次实验后应对动物笼具进行适当的消毒处理。

7）操作过程如发生大量感染性物质溅洒，应立刻使用浸泡消毒剂的湿巾覆盖并进行后续处置，所有处置根据风险评估进行。

5. 工作人员防护装备的消毒灭菌

进入动物生物安全实验室的人员根据操作内容选择合适的个人防护装备。对于反复使用的防护服，应根据其性质选择高压蒸汽灭菌或照射消毒，确保再次使用前处于无菌状态。操作过程中如果被感染性物质污染，应立刻消毒后更换装备。

6. 污染废物和动物尸体的消毒灭菌

根据废物性质、特点和生物安全要求，对实验室废物进行消毒灭菌处置。垫料、污染物、物品需放入医疗废物专用垃圾袋中，经高压蒸汽灭菌后方可拿出实验室（需要同时放入温度指示条，验证是否达到灭菌温度；定期放入生物指示剂确定灭菌效果）。

标本的处理：需带出实验室的样本应经过灭活处理确保没有感染性（如裂解液处理、水浴灭活或化学固定等），外包装经过消毒处理后带离实验室。使用过样本经高压灭菌后按医疗废物处理。

动物脏器组织的处理：用于病理检查的组织，均需经甲醛固定确保无感染性后带出实验室。

动物排泄物的处理：收集动物排泄物经高压后移出实验室。

动物尸体的处理：测试动物尸体装入高压容器的体积与灭菌温度、时间的关系，固定灭菌程序，根据测试结果装备灭菌设备，高压处理动物尸体。灭菌时需要同时放入温度指示条，验证是否达到灭菌温度；定期放入生物指示剂确定灭菌效果。

参 考 资 料

[1] 世界卫生组织. 实验室生物安全手册. 3 版. 2014，日内瓦

[2] 中华人民共和国国家质量监督检验检疫总局.《实验动物 环境及设施》(GB 14925—2010)

[3] 中华人民共和国国家质量监督检验检疫总局，中国国家标准化管理委员会.《实验室生物安全通用要求》(GB 19489—2008)

[4] 中国实验动物学会.《实验动物 动物实验生物安全通用要求》(T/CALAS 7—2017)

[5] Delany JR, Pentella MA, Rodriguez JA, et al. Guidelines for Biosafety Laboratory Competency: CDC and the Association of Public Health Laboratories. Morbidity and mortality weekly report. Supplements, 2011, 60(2): 1-23

[6] USA CDC/NIH. Biosafety in Microbiological and Biomedical Laboratories. 5th ed. 2007. https://www.cdc.gov/labs/BMBL. html?CDC_AA_refVal=https%3A%2F%2Fwww.cdc.gov%2Fbiosafety%2Fpublications%2Fbmbl5%2Findex.htm[2020-1-7]

第五章　动物实验的生物安全管理

动物实验的对象是实验动物，与实验动物产生密切联系的是操作人员和实验环境。实验人员操作动物会接触到动物的毛发、分泌物、排泄物等，如果是野生动物或感染的实验动物，还有可能接触到人兽共患病的病原微生物，存在被感染的风险。所操作病原微生物的风险等级不同其危害程度也就不同。需要制定生物安全管理制度和程序，预防和控制潜在的危害或风险，确保实验人员的健康和安全，保障操作空间和环境不被污染，保证实验室安全稳定运行。

本章将从生物安全动物实验的申请、批准和监督、人员要求和培训、动物要求和准备、实验室要求和准备几个方面详细介绍动物实验生物安全管理程序。

一、生物安全动物实验的申请、审批和监督

开展动物实验前需要提交动物实验申请，申请者根据使用动物的种类和操作病原微生物的危害级别进行综合判断，获得生物安全委员会与实验动物管理和使用委员会（The Institutional Animal Care and Use Committee，IACUC）批准后方可开始实验。上述两个委员会批准后，实验的准备工作和运行过程需要接受生物安全实验室管理部门的监督。

1. 生物安全委员会

成立生物安全委员会（以下简称安委会）是为了监督和管理涉及动物实验操作的生物安全实验活动。安委会依据国际、国内生物安全相关法律法规和管理办法，通过监督审查实验活动，完善生物安全工作。

安委会由主管领导、生物安全实验室负责人和管理、行政、安全、后勤服务人员及专业技术人员组成，一般设一名主任委员、一名秘书、若干名委员。主任委员可根据委员工作状况提出人员任免意见，经安委会通过后执行。

安委会职责包括负责生物安全相关事宜的咨询、指导、评估和监督，制定生物安全委员会章程和工作程序；负责生物安全管理工作，对生物安全管理体系文件进行审核，组织督导生物安全制度的执行和措施的落实；负责制定生物安全管理工作规范、操作技术指南及规范性技术文件，并定期进行评价和提出改进意见；负责国家生物安全相关法律法规及生物安全规章制度的教育培训，提供生物安全相关技术和政策咨询；负责制定重大生物安全事故的认定、风险评估和处置程序，指导协调与生物安全有关的其他工作；根据具体工作制定相应管理制度，规范机构的生物安全工作。

主任委员应制定安委会工作计划，组织对生物安全工作情况进行监督、检查，组织召开安委会会议，对各委员进行工作考核，向上级安全主管部门进行工作汇报。委员需要按时参加安委会工作会议，自觉学习生物安全相关知识，检查生物安全工作，真实、及时、准确地审查各部门安全工作状况，对于安全问题及时向安委会领导反映，服从安委会管理与会议决议。

生物安全委员会需要审查的内容包括：危害环境的实验材料，紧急情况处理预案；病原微生物风险评估报告；对检查发现的生物安全问题做出的整改意见；为意外事故的提供应急处理、紧急救助及保健治疗的意见和措施。针对一个涉及生物安全的动物实验，安委会应重点关注与动物有关的安全问题，内容如下。

1）动物所携带的插入基因直接引起的危害：当已知插入基因产物具有可能造成危害的生物学或药理学活性时，则必须进行危险评估。在考虑如毒素、细胞因子、激素、基因表达调节剂、毒力因子或增强子、致瘤基因序列、抗生素耐药性、变态反应原等因素时，应包括达到生物学或药理学活性所需的表达水平评估。

2）与受体/宿主有关的危害：包括宿主的易感性，宿主菌株的致病性，如毒力、感染性和毒素产物，宿主范围的变化，暴露外环境的后果等。

3）现有病原微生物性状改变引起的危害：许多遗传修饰并不涉及动物本身有害的基因，但由于现有动物非致病性或致病性特征发生了变化，可能出现不利的反应。正常的基因修饰可能改变生物体的致病性。为了识别这些潜在的危害，应考虑感染性或致病性是否增高，受体的任何失能性突变是否可以因插入外源基因而改变；外源基因是否可以编码其他生物体的致病决定簇，如果外源DNA确实含有致病决定簇，那么是否可以预知该基因能否造成动物的致病性，是否可以得到治疗；新生的动物体对抗生素或其他治疗形式的敏感性是否会受遗传修饰结果影响等。

安委会会议一般分为常规会议和临时性会议。根据工作需要随时召开临时性会议，传达上级有关安全会议的精神，制定年度工作计划，总结安全工作情况、机构安全隐患，提出预防措施，制定安全管理规定，审批风险评估报告及相关实验活动。如有重要议题（包括国家法规标准变更、重大疫情、关键设施设备改变、重要岗位人员变动、紧急项目启动等）需要会议决定时，参会人员应达到2/3。

2. 实验动物管理和使用委员会

建立实验动物管理和使用委员会是为了监督及管理研究机构内所有跟动物实验与使用相关的活动。我国2006年发布的《关于善待实验动物的指导性意见》中要求设立实验动物管理和使用委员会（IACUC），《实验动物 福利伦理审查指南》（GB/T 35892—2018）规定IACUC为独立开展审查工作的专门组织，单位内的IACUC负责对本机构开展的所有关于实验动物的研究、繁育、饲养、生产、经营、运输，以及各类动物实验的设计、实施过程等所有使用实验动物的项目进行伦理审查，各类动物实验都应获得福利伦理批准后方可开始实施，并接受日常的监督检查。

IACUC是由专家、实验动物医师和社会人士组成的实验动物管理和伦理审查组织。一般设主席/主任委员一名、秘书一名、委员若干名，包括实验动物医师（经过实验动物医师资格认证，或在实验动物科学或医学方面，或在有关动物种类的使用方面受过培训或具有经验的实验动物医师)、在动物科研方面具有经验的科学家、无科研背景的委员（可由机构内部律师、财务人员或人事专员等担任）及公众代表（以反映广大社会对适当管理和使用动物的关注)。

主席/主任委员负责批准 IACUC 工作计划，组织对实验动物使用情况进行考查，对各委员进行工作考核，组织审查实验动物使用申请，向实验动物主管部门进行工作汇报，组织与其他各单位实验动物管理部门的交流工作，起草并向最高管理者提交 IACUC 评价报告，陈述主要问题和次要问题，并包含修正主要问题的意见和建议。委员应参加 IACUC 工作会议，自觉学习实验动物法律法规和与之相关的业务知识，审查实验动物使用申请，真实、及时、准确地审查各部门实验动物工作状况，对研究所发生的实验动物违法、违规现象及时向 IACUC 反映，服从 IACUC 管理与会议决议。

IACUC 审议工作计划，通过监督检查结论和上报报告来通报审查情况。必要时由主席批准可召开临时会议，讨论福利伦理审查报告和结果，实验动物使用中需要讨论决定的相关问题，IACUC 实验动物使用申请等。会议需要表决时，应为全体委员 2/3 及以上同意方为通过。

IACUC 可采用会议审查或指派委员审查的方式进行实验动物使用申请的审查，申请者根据委员提出的审查意见进行修改，直至符合要求，审查委员在申请书上签字，并将审查结果通知申请者。申请者必须根据申请书批准的内容进行实验。IACUC 定期组织专家、委员对正在进行的实验进行监督检查，对不符合申请书要求的实验进行警告，甚至停止实验。

IACUC 职责主要包括如下内容。

1）伦理审查：IACUC 受理有关实验动物项目审查的申请，对实验动物使用的规范化进行管理、监督、指导与伦理审查。伦理审查应明确伦理审查程序和审查原则。福利伦理审查原则包括：必要原则，保护原则，福利原则，伦理原则，利益平衡原则和公平原则。具体审查内容可参考《实验动物 福利伦理审查指南》（GB/T 35892—2018）和《实验动物 动物实验方案的审查方法》（T/CALAS 52—2018）的具体要求。

2）审核内容：针对涉及病原微生物的动物感染实验，IACUC 除了审核常规项目（使用动物的种类，动物饲养条件，防止动物逃逸的措施，使用动物的目的，该研究对人类或科学研究的贡献，动物实验的操作程序和过程，使用的麻醉和镇痛方法等）外，还应重点关注病原微生物对动物造成的伤害，如体重降低、摄食量和饮水量减少，对呼吸系统、消化系统、循环系统的影响，如何判断仁慈终点及采用安乐死的方法。IACUC 审核时在实验目的和可能引起的动物福利伦理问题之间权衡利害，综合考虑动物福利伦理和科学研究的各方要求，给出是否批准该动物实验的结论。

3）人员培训：为保证 IACUC 有效运行并得到不断完善，必须对参与实验动物使用与管理活动的所有人员进行培训，包括对委员的培训，对实验动物医师、动物实验操作人员、实验动物饲养人员和管理人员的培训。应明确接受培训的人员范围、培训的形式、培训的内容和要求、培训结果的评价及制定培训计划等。

4）监督检查：IACUC 对本单位的实验动物生产和使用情况进行全面监督检查，应明确检查的频率和形式、检查的内容、检查结果的处理等，通过监督审查，推动研究机构实验动物研究工作健康有序发展。IACUC 定期组织专家、学者对机构的动物设施运行管理和对动物实验进行检查，检查内容包括人员、设施设备是否符合国标要求；动物运输、生产和使用是否符合动物福利伦理原则；动物日常饲养、使用和管理是否符合动物健康需要；饲料、垫料、饮水是否符合动物健康要求；实验方案是否经过福利伦理审查；实验过程是否符合要求；动物处死是否符合安乐死要求；动物尸体处理是否符合环保要求。及时指出发现的问题，明确提出整改意见，并监督其改正。情节严重者应立即做出暂停实验动物项目的决议。

3. 生物安全实验室管理部门

进行生物安全动物实验的机构应设置生物安全实验室管理部门，根据国家法律法规对生物安全实验室活动进行管理，以确保实验活动顺利进行，避免生物危险发生（见附录动物生物安全实验室安全检查表）。

需要开展某种高致病性病原微生物或者疑似高致病性病原微生物实验活动，依照国务院卫生主管部门或者兽医主管部门的规定报省级以上人民政府卫生主管部门或者兽医主管部门批准。实验室申报或者接受与高致病性病原微生物有关的科研项目，应当满足科研需要和生物安全要求，具有相应的生物安全防护水平，并经国务院卫生主管部门或者兽医主管部门同意。对我国尚未发现或者已经宣布消灭的病原微生物，经主管部门批准后方可从事相关实验活动。在同一个实验室的同一个独立安全区域内，只能开展一种高致病性病原微生物的相关实验活动。

管理部门应具有计划、申请、批准、实施、监督和评估实验室活动的政策和程序。在开展活动前，管理者应了解实验活动涉及的任何风险，要求工作人员具备良好的技术、身体和心理条件，为实验人员提供在风险最小情况下进行工作的详细指导，包括根据风险评估内容选择和使用合适的个人防护装备。涉及微生物的实验活动操作应符合微生物标准操作程序。实验室应有针对未知风险材料操作的政策和程序。实验室在相关实验活动结束后，依照国务院卫生主管部门或者兽医主管部门的规定，及时将病原微生物菌（毒）种和样本就地销毁或者送交保藏机构保管。从事高致病性病原微生物相关实验活动时应当有 2 名以上工作人员共同进行。

二、人员健康管理

建立人员健康管理制度和程序，监测和保障动物生物安全实验室工作人员的健康。管理部门应了解本单位动物生物安全实验室所有人员的基本情况，评估实验活动中每位工作人员可能存在的生物危险，采取有针对性的免疫措施。建立员工健康档案（见附录实验室人员健康医疗监督档案），包括体检内容、免疫接种登记表和本底血清检测报告。

1. 人员的健康与安全

工作人员的健康与安全管理监督和管理包括以下内容。

1）根据风险评估内容选择个人防护装备。

2）实验人员经过正确的生物安全培训，考核通过并获得资格证书后方可进入实验室。

3）制定与实验室工作有关的免疫计划。

4）为实验室人员提供定期健康体检。

5）育龄妇女根据风险评估内容明确其是否合适开展相关实验操作，以及开展相关实验操作其可能造成的不良后果。

6）有定点医疗服务机构。

7）应急处置点放置急救箱。

8）实验室工作人员明确实验室及其所操作物品的潜在危害。

9）实验室显著位置张贴通告，标注发生紧急事故时的联系电话。

10）张贴警告和预防事故的标志来尽可能减少工作危害。

11）对疾病和事故进行正确记录。

12）对可能影响工作的精神状况、家庭情况、经济状况、道德伦理、价值观、人际关系等情况进行评估。

13）对工作人员恶意使用病原微生物的可能性进行评估。

2. 人员个人防护装备

生物安全实验室内人员应该根据风险评估内容选择个人防护装备，需要考虑以下内容：根据风险评估内容判断工作内容所涉及的风险；工作内容如涉及操作物质喷溅，需要选择防喷溅装备，包括眼睛、口、鼻、皮肤的防护，可能需要配备安全眼镜、护目镜和防护罩（面具）、防护服；工作内容如涉及气溶胶传播，需选择适当的呼吸过滤器（如针对微生物配置 HEPA），呼吸面具需经过适配性测试（见附录个体适配性测试记录表）；工作内容如涉及动物抓咬，需佩戴防咬伤手套等；涉及动物操作内容的工作人员需要根据各自身体状况，佩戴防动物过敏的装备，如口罩等。

3. 人员体检制度

1）动物生物安全实验室的工作人员必须在上岗前体检，体检项目应符合所从事工作的岗位要求，体检合格后方可上岗。

2）在实际工作中接触实验动物或病原微生物的工作人员应每年进行体检，从事高致病性病原微生物实验活动的工作人员还需保留本底血清进行特异性抗原、抗体的检测（见附录实验室人员血清保存记录）。

3）进行动物实验操作的人员还应进行针对动物过敏原的调查或检测。

4）管理部门对体检中发现的问题及时采取有效预防措施和治疗措施，实验室负责人根据体检结果决定人员是否适合继续从事该岗位工作。

4. 免疫接种

实验开始前需要根据所开展的研究内容进行充分的风险评估，根据评估内容接种相应的疫苗（见附录工作人员免疫计划表）。

对特定病原微生物预防接种有不良反应或有职业禁忌证者不宜从事与该病原微生物有关的研究和疾病预防控制工作。

应根据要开展的研究内容评估暴露风险，准备预防和治疗药物。

确定定点医院，确保人员在发生生物安全意外事故后得到及时救治。

有些工作人员可能在以前曾接种疫苗或被感染过，因而已经获得免疫，对此类人员应进行抗体检测，判断是否需要补种疫苗（见附录疫苗接种记录）。因工作需要而接受疫苗的接种者，事先应被告知预防接种的不良反应，并签署知情同意书，接种后需要在疫苗被证明起效的情况下才能进行相关工作并保存免疫记录，并将免疫接种情况记入健康档案。

5. 工作人员的实验室感染监测

实验室人员身体状况必须处于良好才能进入实验室工作。对进行病原微生物操作的人员需要长期监测以确保实验人员安全和健康。

（1）日常人员感染监测

①工作人员在进行病原微生物实验活动期间，每日记录本人健康状况，包括体温变化、与病原微生物感染相关的临床症状，如发现异常及时向实验室负责人报告；②对高致病性病原微生物实验室工作人员实行健康监测与报告制度，人员出现体温升高、感染临床症状或者可疑症状体征时应及时向本实验室负责人报告，实验室负责人应当向生物安全委员会负责人报告，同时派专人陪同及时就诊；③实验室工作人员应当将近期所接触的病原微生物种类和危险程度如实告知诊治医疗机构，同时立即停止本人工作，留取血样，进行必要的医学观察和处置；④待排除实验室感染原因和身体恢复后，经实验室主任批准后方可恢复工作。

（2）操作人员被感染或疑似感染的处置

对突发事件中与感染者密切接触的人员同样进行监控，判断其是否被感染。对可能引起突发事件的感染源及实验环境进行彻底消毒，并对消毒效果进行验证。

如果感染性液体污染了皮肤或者黏膜，或者被感染性材料污染了的针头及其他锐器刺破皮肤，应当使用足量流动水清洗污染的皮肤或者暴露的黏膜，反复用生理盐水冲洗干净。如有伤口，在伤口远端轻轻挤压，尽可能挤出损伤处的血液，再用流动水进行冲洗。禁止进行伤口的局部挤压。伤口冲洗后，用消毒液（如碘伏）进行消毒，并包扎伤口。

根据人员发生意外事的故情况对实验人员进行暴露后的抗原和抗体监测。在监测过程出现高致病性病原微生物感染患者，应立即报告上级管理部门。对实验室的设备设施进行检查，确认其是否存在缺陷。对实验的操作程序与操作过程进行再评估，必要时应对感染人员的实验操作过程监控录像进行分析。事件发生原因、处置过程及结果形成书面总结（见附录实验室意外事故记录表），报告上级并存档。

三、实验前准备

实验材料准备充分与否直接影响实验的成败，在动物生物安全实验室内实验前的准备尤为重要，因此有必要规范实验前准备工作内容，以保证实验方案顺利实施。

1. 实验室准备

1）硬件准备：生物安全实验室在使用前，为保证实验室设施设备在实验工作进行中正常运行，设施设备管理人员自接到实验室即将运行的通知后，进入系统进行试运行调试检查，检查的内容包括动力及实验室内的照明仪器设备可以正常运行。

2）人员防护用品准备：根据实验所涉及动物的种类和实验时间，准备动物操作的用品，如防渗透防护服、口罩、防护面罩和防止动物咬伤、抓伤的手套、防刺伤手套等。

3）实验用品准备：涉及动物实验操作的用品，包括动物保定装置、实验器械、实验检查仪器、试剂和耗材等。

4）人员急救物品准备：确认急救箱内物品是否齐全并在有效期内，针对所操作病原微生物的急救药物、洗眼器、伤口消毒药品等。

2. 动物准备

动物准备要考虑动物的生物安全。

动物饲养笼具：根据使用动物的种类、年龄和数量，检查实验动物饲养笼具是否满足实验要求，包括负压动物饲养笼、负压猴笼、负压解剖台、动物手套箱等设备。如为实验室外部笼具，则进入饲养室前必须严格消毒，室内笼具也应在使用前进行消毒，以保证动物在饲养期内的健康。

动物采购：用于实验的动物必须经合法手续获得，最好使用标准化实验动物。实验人员需向合格供应商订购符合要求的实验动物（见附录供应商评价表），由供应商提供实验动物生产许可证明和动物种群的健康证明。如需要从国外进口动物，还应符合我国出入境检验检疫局对动物进口的相关规定。

动物运输：使用动物专用运输车运送，运输的笼具或包装应符合动物级别，特别是免疫功能低下、基因修饰动物及无特定病原体动物（specific pathogen free，SPF）的运输。如果动物运输时间超过 6h 应给予符合其微生物要求的食物和饮水或代用品。

动物检疫：根据我国《动物检疫管理办法》的规定，凡是在国内收购、交易、饲养、屠宰与进出我国国境和过境的贸易性、非贸易性动物、动物产品及其运载工具，均属于动物检疫的范围。动物检疫的目的是防止动物传染病传播，保障动物健康。实验动物检疫内容主要包括可传染给人类的人兽共患病（如结核病、狂犬病、B 病毒感染等），以及严重影响动物实验结果的疾病（如小鼠肝炎病毒、兔球虫等病原体的影响）。动物达到实验场所后，实验人员应逐只检查动物的健康状况、精神及运动状态，确认呼吸、饮食、行走及站立姿势是否正常，有无体表寄生虫或皮肤病，分泌物、排泄物是否正常（见附录实验动物健康观察记录表、实验动物检疫期一般症状观察记录表）。在检疫期内，工作人员对动物进行观察记录，发现动物表现异常或有传染病迹象时应立即隔离，并向实验动物医师和主管领导报告。检疫期结束后，应由实验动物医师对动物健康进行评估，确认是否可以用于实验研究。

3. 人员准备

人员资质：确认进行动物感染实验的人员是否经过实验动物使用和生物安全的专业培训，并考核合格；确认进行高压灭菌器操作的人员是否具备“特种设备合格证书”，并在有效期内。如涉及高致病性病原微生物操作，确认实验人员是否经过所在机构生物安全委员会的批准；如涉及危险化学品、同位素实验操作，确认人员是否经过培训和具备上岗证书；如涉及菌（毒）种运输，确认运输人员是否具有运输资格证书。

人员身体状况：确认是否针对病原微生物进行过免疫接种，是否产生保护性抗体，是否进行了体检，是否保留本底血清；进入动物生物安全实验室的人员，确认是否对所使用的动物过敏，身体是否处于疾病状态，女职工是否怀孕。

实验方案：实验人员根据实验目的制定详细的实验方案。

4. 实验项目申请表

项目负责人：提出实验活动的申请[见附录菌（毒）种使用申请表、实验动物使用申请表、生物安全实验室使用申请表]，内容包括所从事病原微生物相关操作的风险评估报告，操作规程及涉及风险的操作程序，实验方案，项目人员培训和获得上岗证书的情况，是否具备涉及感染性材料和危险化学品、同位素的实验及动物实验的场所、操作条件及防护设备；凡涉及动物实验操作，实验方案应通过机构生物安全委员会和IACUC 的批准。

实验室主任：针对项目负责人提供项目内部的安全管理方案，生物安全实验室主任应明确并理解实验研究项目的要求，判断实验室有无技术能力和资源来满足申请者提出的实验研究项目；检查实验研究项目技术路线的可行性和安全性，批准进入实验室的工作人员（见附录实验室人员审批表）。

生物安全委员会：实验室安全委员针对项目负责人提交的申请，组织评审，评审中若发现与实验室方针、有关法律法规相矛盾的申请，或无法保证生物安全，需退回实验研究项目申请。

生物安全实验室管理部门：实验开始前，由项目负责人书面提交生物安全实验室使用申请表（见附录生物安全实验室使用申请表）、菌（毒）种使用申请表[见附录菌（毒）种使用申请表]、实验动物使用申请表（见附录实验动物使用申请表）和 IACUC 审批表到管理部门，经过实验室各级主管领导审批后，由管理部门通知实验室设施设备人员做好实验室运行前准备工作。

四、讨论、记录和核对

1. 讨论

讨论的目的是充分了解实验目的，以及为后续的研究提供建议。在开始操作病原微生物之前，根据风险评估内容制定配套的预防和救治措施，以及意外事故应急预案。项目组成员根据任务分工了解自己的工作内容，准备并完成实验内容。

2. 记录

记录要求客观真实、全面准确、可溯源。标准的记录是任何专业人员在任何时间都可以看懂，在相同条件下可以重复所记录的全部研究过程。动物生物安全实验记录一般包括以下内容。

1）病原微生物相关记录：菌（毒）种批号和传代次数，菌（毒）种使用、销毁记录，培养、分发记录等。

2）实验动物相关记录：IACUC 审批表、动物合格证、动物检疫和免疫接种证明、动物体重和分组记录、动物给药记录、动物采样记录、动物麻醉记录、动物安乐死记录、动物解剖记录、动物病理检测记录等。

3）设施设备使用记录：生物安全实验室门禁记录，主要仪器设备记录如培养箱、生物安全柜、高压灭菌器等。

3. 核对

核对即审核查对。动物生物安全实验核对主要包括以下内容。

1）实验方法：涉及感染性材料的实验方法应采用国际认可的标准实验方法进行，如无标准方法可选择使用非标准方法，非标准方法最好是由权威技术机构公布的或已有科学文献上发表的方法。实验室可以根据文献报道方法编制标准操作程序，并将标准操作程序及编制依据、参考文献复印件和相关实验活动的风险评估及风险控制文件报告一并书面报送管理部门，由生物安全委员会进行审定、批准、否定或提出修改意见。

2）实验记录：记录是否及时、准确、全面；是否记录在受控的纸张或表格上；记录上是否有签名和日期；记录更改处是否有签名等。

参考资料

[1] 世界卫生组织. 实验室生物安全手册. 3 版. 2014, 日内瓦
[2] 中华人民共和国国家质量监督检验检疫总局, 中国国家标准化管理委员会.《实验室生物安全通用要求》(GB 19489—2008)
[3] 中华人民共和国国家质量监督检验检疫总局, 中国国家标准化管理委员会.《实验动物 福利伦理审查指南》(GB/T 35892—2018)
[4] 中国实验动物学会标准化专业技术委员会.《实验动物 动物实验方案的审查方法》(T/CALAS 52—2018)

第六章　动物生物安全实验室人员培训

ABSL-3 实验室应建立动物生物安全实验室人员培训制度和计划，定期、持续性开展人员培训及教育活动，加强实验室安全管理，提高实验人员的技术水平和安全防护技能，保证动物生物安全实验室相关科研活动的生物安全，确保实验室安全稳定运行。人员培训的目标是培养具备专业生物安全知识、规范化科研操作能力的实验室工作人员和后勤保障人员。

本章将从动物生物安全实验室人员培训管理、培训内容和生物安全培训规划两个方面详细介绍。

一、人员培训管理

根据研究机构的研究内容制定相应的人员培训计划和管理规定。管理条例明确需进行培训的人员、培训计划、培训内容、考核制度等，确保人员的能力保持和提升，为实验室安全稳定运行提供保障。

1. 需要培训的人员

项目负责人根据实验室活动要求提出培训要求和计划。应根据培训需求制定当前和将来的任务及工作人员技术能力的状态进行规划。培训计划应报实验室管理部门备案。需要培训的人员包括：新进入动物生物安全实验室的人员，轮岗人员，经考核不合格的人员，实验室依据标准/规范等发生变更时涉及的人员，以及新购进仪器设备的操作人员等。

2. 人员培训要求

在进入动物生物安全实验室工作之前，实验人员应熟练掌握微生物标准操作和特殊操作，熟练掌握感染性动物实验操作和动物废物处理方法。

培训计划应兼顾不同层次人员的需要，包括生物安全基本知识、生物安全管理体系文件、新技术新方法、感染性动物实验操作、数据处理、防火及紧急避险等相关知识的培训。生物安全实验室主任对发现的不符合要求的工作进行分析，针对技术水平或实际操作技能存在问题的人员提出培训要求。

培训分内部培训和外部培训，内部培训包括自学、教学、专题讲座和实际操作。外部培训包括上级或有关部门组织的培训班、学术研讨会、学术交流会、参观考察、出国考察或培训等。

3. 考核与评估

管理部门在培训后应对人员进行考核，考核方式包括书面考核、实际操作考核和人员心理健康评估。根据考核评估结果评价接受培训人员是否能够承担岗位工作，考核不合格者应暂停岗位工作，继续培训直至考核合格后方能开展工作。对于心理评估有问题的人员，可根据个人情况由专业人员进行心理疏导，或暂时调整工作岗位。将培训和考核情况进行登记（见附录人员培训记录表、人员内部考核记录表），将考核结果纳入个人技术档案（见附录人员技术业绩档案表）。

二、生物安全培训规划

为保证生物安全培训规划是行之有效的，并且能够顺利实施，应制定相应的培训计划，制定计划时应考虑以下因素。

1. 根据需求制定培训计划

培训部门在进行每次培训规划前，对机构及参加培训人员的目标、知识、技能等方面进行系统鉴别与分析，从而确定培训的主要内容，即什么人员需要培训、为什么培训、培训什么内容等问题。

需求评估具有很强的指导性，是确定培训目标、设计培训计划、有效实施培训的前提，是进行培训评估的基础，是使培训工作准确、及时和有效的重要保证。

2. 确立培训目的

培训的目的是了解开展实验的条件及所需人员的技术水平，促使工作人员的知识、技能、工作方法、工作态度及工作价值观得到改善和提高，从而最大限度地发挥出潜力来提高人员和机构的业绩，推动机构和人员不断进步，实现组织和人员的双重发展。令人满意的情况是培训对象在进行培训之后，能在工作中加以应用。

3. 规定培训内容和方法

培训内容：为了实现实验操作目标所必须掌握的知识或技术。通常由项目负责人确定生物安全培训计划的内容，包括如何解决工作中发生的问题，如何识别风险，判断人员在进行操作过程中是否存在错误等。

（1）生物安全实验室人员常规培训内容

常规培训内容主要包括：病原微生物操作技术规范的培训；实验人员的实验室操作规范的培训；对实验室人员按现行的国家规定进行感染性物质运输、保藏、使用和安全知识、法规的培训；对实验室工作人员进行意外事故安全处理过程的培训；对实验室工作人员进行高危操作的培训（内容应根据实际工作确定）；生物安全实验室使用的现场培训；根据实验操作涉及的病原微生物进行风险评估和操作培训；相关人员进行特种设备操作培训；对实验室工作人员进行实验室运行等一般规则的培训，使其掌握各种仪器、设备、装备的操作步骤和要点，进行正确的操作和使用，对于各种可能的危害应达到非常熟悉的程度；工作人员应掌握的各种感染性物质操作的一般准则和技术要点培训。

（2）生物安全实验室动物专业操作培训

生物安全实验室动物实验操作人员培训主要包括：人员应取得所在地省、自治区、直辖市实验动物管理部门颁发的实验动物从业人员上岗证，并在有效期内。麻醉药品使用和保管的培训。动物实验人员技术操作规范培训主要包括：在人员接触实验动物前，进行动物饲养、抓取、标记、给药等技术操作的培训，以减少实验操作的人为误差，提高实验结果的准确性；经过培训，动物管理人员应掌握感染动物的饲养管理要求；动物实验人员应掌握感染动物的实验操作；对使用器械和仪器所涉及的安全防护和污物处理有足够的了解及可正确操作；相关人员应进行动物实验操作的现场培训；动物感染实验开始前，在动物生物安全实验室内进行模拟演练，使操作人员掌握生物安全实验室内正确的动物实验操作方法和意外事故处理方法。

（3）实验动物医师培训

实验动物医师应掌握实验动物基础知识，动物福利和伦理知识，实验动物疾病诊断、监测、预防和治疗知识，通过实验动物医师考试，获得相关资格证书，每年最少参加 2 次相关技术培训。

培训方法：常用的培训方法有专题讲座、实际操作、计算机辅助教学、交互式影像等，多种培训方法复合效果更好。

4. 培训对象

培训时要考虑培训对象的特点，不同人员的资质、读写、文化水平，以及培训前所掌握的技术水平等都不一致，应根据所从事的工作内容、前期的技术掌握水平、接受知识的能力等开展不同层次和方式的培训。

5. 培训要求

教学内容不应该同所教授的技术或主题相冲突、相抵制或没有关联。

如果培训的目的是提高人员解决问题的能力，则在教学中就应该强调思维/推理而非死记硬背，应该要求培养创造性的行为和相应的反馈能力。此外，提供与实际工作条件相似的实践机会（如模拟实验室）将有助于将技能应用到实际工作中去。

6. 培训评估

培训评估有助于判断培训是否达到了预期效果。培训效果应包括四个方面：检查培训对象对所进行培训的理解程度；考核培训对象对所培训内容的记忆和操作执行情况；评估培训对象在工作中的行为变化；考查培训对象是否已有明确的效果。

7. 培训调整

根据培训评估效果，确定更有效的培训方式，不断优化和改进培训内容和方式，以达到更优效果。

参考资料

[1] 世界卫生组织. 实验室生物安全手册. 3 版. 2014, 日内瓦

[2] 中华人民共和国国家质量监督检验检疫总局, 中国国家标准化管理委员会.《实验室生物安全通用要求》(GB 19489—2008)

第七章　农用动物生物安全实验室

农用动物生物安全实验室与医学动物生物安全实验室所操作的病原体及关注的侧重点有所不同。农用动物生物安全实验室所涉及的病原体包括病毒、细菌、真菌、螺旋体、支原体、立克次体、衣原体、朊病毒、寄生虫等，可引起动物疾病或导致动物死亡，对人不致病。一旦高致病性病原体自实验室泄漏至外界环境，对环境的影响会非常持久，短期内可能会引起某种疾病的暴发流行，给农业造成严重的经济损失，如果一直消除不掉这种污染，可能会面临疫情持续和农业严重破坏。因此，该类实验室关注的重点是如何将所操作的病原体限制在实验室内以及人员该如何进行适当防护，既将其泄露至外界环境的潜在风险降到最低，又不造成防护过当。为此，本指南为农用动物生物安全实验室特列出独立章节。

一、农用动物生物安全实验室的风险评估

农用动物生物安全实验室主要是使用农用动物（大动物）研究具有感染性的病原微生物，其关键点就是将微生物泄露到外界环境的潜在风险降到最低，避免给农业造成严重的经济损失。

1. 农用动物来源风险识别与控制

目前猪、马、牛、羊等农用动物来源分散，没有完整的健康信息和免疫史资料，要求必须有适当的处理措施。接触可传染人的病兽（如患有隐孢子虫病、鹦鹉热、猪丹毒、传染性羊疮、羊痘疮或水泡性口炎等）时：①应避免与尿液、粪便接触和被咬、抓、舔及扭伤；②加强个人防护，接触病兽时应佩戴手套、面具和防护服；③免疫接种预防，如狂犬

病疫苗的接种；④对动物进行隔离检疫。

2. 实验室饲养、实验操作中风险识别与控制

农用动物在自然环境下饲养、操作已有一定风险，当在生物安全实验室内进行农用动物感染实验时，因实验室内操作空间存在一定限制，应进一步重视动物可能产生的任何风险，并尽量进行规避。

1）生物安全实验室内栏位或笼具应牢固、不易脱落，应有额外的固定装置以防止动物撞开或将锁扣等舔舐开，避免动物逃逸。

2）实验人员进出栏位或操作笼具时，应时刻注意栏位或笼具门的状态，以防止在实验中或实验后动物逃逸。

3）饲养过程中产生的废物应通过高压蒸汽灭菌处理并经过验证后方可传出实验室，冲洗用废水等应经实验室污水处理系统处理并经验证后方可排出实验室。

4）尽量减少饲养过程中实验人员与动物的接触，避免人员被动物咬伤、抓伤、撞伤等。

二、农用动物生物安全实验室中动物饲养与操作

目前国内关于农用动物生物安全实验室的相关规范较少，尚未形成科学的指导规范。农用动物生物安全实验室应制定完善的管理制度和标准操作规程，并严格执行，确保相关人员经过专门培训并考核合格，具备良好的操作能力。考虑到农用动物生物安全实验室中饲养的感染动物一般为人工感染病原微生物的中、大型实验动物，若相关人员未经严格生物安全培训、考核或对相关工作不熟悉，易导致生物安全事故发生。

1. 人员防护

进入实验室的人员应依据风险评估结果穿戴相应的个人防护装备，在穿戴防护装备的情况下，操作会存在一定的局限性，因此在感染动物

实验过程中，实验人员应注意以下几点。

1）实验动物样品采集及解剖过程中，会涉及大量锐器使用及产生大量气溶胶并发生血液喷溅等，实验人员应佩戴防喷溅的装备，如防割伤手套、防护面罩、围裙等。如溅落皮肤等，暴露部位应洗去喷溅物，将洗涤后污物留在实验室区域内，经过消毒后处置，确保污物不进入外界环境。解剖后产生的废物及尸体等应分解为合适的大小（具体大小应经过实验室消毒灭菌效果验证）经处理后方可传出实验室移交废物处理公司等进行处理。

2）在实验期间实验人员使用注射器对实验动物进行注射是最危险的操作，尤其是动物感染人兽共患病时。如进行采血、解剖等必须使用锐器的操作时，应佩戴防针刺手套等防护装备进行辅助，并制定严格的锐器使用与管理规范，以防人员被锐器刺伤、划伤；注射用针头使用后放置在锐器盒中待处理，手术器械等每次使用完毕后，需放入专用的不锈钢托盘或类似的耐扎容器中。

3）动物实验需将动物进行保定后操作，保定方法需经实验室验证后方可使用，必要时可进行麻醉等辅助操作。

4）如实验人员存在明显外伤，应尽量避免开展感染动物实验活动。

2. 动物饲养

1）动物的饲料：每天提供给动物的食物应新鲜、无污染且营养丰富，饲养人员应能轻松地为这些动物提供食物，并尽可能地避免动物排泄物对这些食物造成污染。应为动物提供足够的空间和饲喂点，尽量将动物哄抢食物的可能性降到最低，并确保所有的动物都能够得到食物。

2）动物的饮水：必须使用专门的管道为大型动物提供饮用水，并在实验室的供水与市政给水系统之间设防回流装置。

3. 动物观察和处理

1）数据记录：实验过程中的实验记录必须通过实验室内设置的传真

机或其他电子设备向外部传输。

2）拍照或摄像：拍照记录感染动物疾病特征或剖检结果是实验结果的重要内容。在动物生物安全一级、二级实验室，将照相机或胶卷或存储卡移出实验室时，必须制定特殊的消毒和传出程序。防水相机或是相机罩有防水外罩时可以方便地在其移出时消毒。在某些情况下，相机必须存放在实验室中，直到实验结束，而且该房间（包括该相机）已消毒。可以通过远程控制安装在实验室内的摄像头对实验室内饲养的动物进行观察，这样不仅可以保证持续地对感染动物进行科学观察，还可以保障动物福利和职业安全。

3）成像和遥感设备：目前有很多种成像和遥感设备可以用来检测实验动物体温、心率、血氧饱和度、血压和呼吸。生物遥感器获得的数据或信号输送至实验室外的终端处理器进行保存和分析。

4）动物实验通常需要使用到各种药品用于镇静、麻醉或安乐死。需提前准备实验中所需的药品并放到实验室内。

5）采集的感染动物血液、脏器等材料需进行双重包装，通过渡槽或物流通道等对外包装进行彻底消毒后传出实验室。

6）在多数动物实验中，动物最后都会死亡或人为处死，动物尸体必须使用有效的消毒方法进行处理。消毒方法包括高温、蒸汽灭菌，焚化或碱解等，完成实验后的实验室也要进行彻底的清洗和消毒。

三、农用动物生物安全实验室的管理

农用动物生物安全实验室必须组织实验室相关人员制定完善的生物安全管理体系文件，向所有工作人员说明实验室潜在的危险并列出可以采取的预防措施。必须告知所有工作人员特殊危害的内容，也必须要求所有工作人员阅读并遵守相关管理规定和标准操作规程，包括动物房间清洗和消毒、动物饲养、人员培训考核（理论和操作）和健康监护、设施设备维护、内务管理等。该部分内容与其他生物安全实验室相似，可参考相应的章节，在此不赘述。

四、农用动物生物安全实验室的消毒

农业动物生物安全实验室根据其工作内容和特点要制定专用的清洁规程。实验室的地面、笼具、解剖台和其他受污染区域必须在实验结束后进行清洗和消毒。

在工作完成之后，所有的手术器械等必须通过高压灭菌或选择适当的消毒方法进行处理（使用的消毒剂必须对目标病原微生物有效），因为某些消毒剂在有动物组织材料存在的情况下发挥不了作用，在进行消毒之前先要进行去污过程。尖锐器皿、手术器械等物品必须放入相应的耐扎容器中进行消毒。

农业动物生物安全实验室需要先使用通用消毒剂/清洗剂进行清洗。如果使用水管进行冲洗必须特别小心（如防止污染区域扩大，防止气溶胶形成），在使用高压水枪冲洗系统之前先使用低压系统进行初步的冲洗，冲洗后应使用清洁剂清除所有动物围栏、笼具和其他物体表面上干燥的残留动物组织。

动物生物安全一级、二级实验室最常使用的消毒方法是使用含氯消毒剂等消毒剂，动物生物安全三级、四级实验室多利用甲醛、二氧化氯、气化过氧化氢进行熏蒸消毒。

五、农用动物生物安全实验室的意外事故处置

农用动物生物安全实验室可能发生动物逃逸、人员受伤、实验室设施设备故障这样的事件、事故，实验室必须制定发生意外事件、事故的应急处置程序，以及实验室日常工作和检查内容，包括菌（毒）种保存、污染处置、实验结束后的消毒、动物笼具状态、仪器运转状态等，与其他生物安全实验室相似，在此不再赘述。

参考资料

[1] 《中华人民共和国传染病防治法》(2004 年, 2013 年修订)

[2] 《中华人民共和国动物防疫法》(1998 年, 2007 年修订)
[3] 世界卫生组织. 实验室生物安全手册. 3 版. 2014, 日内瓦
[4] 中华人民共和国国务院令第 450 号《重大动物疫情应急条例》(2005 年)
[5] 中华人民共和国国务院令第 588 号《突发公共卫生事件条例》(2003 年, 2011 年修订)
[6] 中华人民共和国国务院令第 424 号《病原微生物实验室生物安全管理条例》(2004 年, 2018 年修改)
[7] 国家突发公共卫生事件应急预案. 2006. http://www.gov.cn/yjgl/2006-02/26/content_ 211654.htm[2020-1-7]
[8] 中华人民共和国国家质量监督检验检疫总局.《实验动物　环境及设施》(GB 14925—2010)
[9] 中华人民共和国国家质量监督检验检疫总局, 中国国家标准化管理委员会.《实验室生物安全通用要求》(GB 19489—2008)
[10] 中国实验动物学会.《实验动物　动物实验生物安全通用要求》(T/CALAS 7—2017)
[11] USA CDC/NIH. Biosafety in Microbiological and Biomedical Laboratories. 5th ed. 2007. https://www.cdc.gov/labs/BMBL.html?CDC_AA_refVal=https%3A%2F%2Fwww.cdc.gov%2Fbiosafety%2Fpublications%2Fbmbl5%2Findex.htm[2020-1-7]
[12] Delany JR, Pentella MA, Rodriguez JA, et al. Guidelines for Biosafety Laboratory Competency: CDC and the Association of Public Health Laboratories. Morbidity and mortality weekly report. Supplements, 2011, 60(2): 1-23

附录1　人员健康监督相关表格

1.1　实验室人员健康医疗监督档案

姓名：	性别：	出生日期：
所在科室：	联系电话：	血型：
疫苗接种情况：		
初次体检情况：		
体检日期	体检单位	体检结果
复检情况：		
第　次复检	时间：	地点：

1.2 实验室人员血清保存记录

姓名	性别	年龄	采血日期	数量	保存地点	处理日期
备注：						

保健医师： 年 月 日

1.3 工作人员免疫计划表

实验名称：

免疫目的	
疫苗来源	
实施免疫时间	
免疫对象	
检测方法	
免疫执行人	

计划提出人：　　　　　　　　　　计划批准人：

年　月　日　　　　　　　　　　年　月　日

1.4 疫苗接种记录

姓名	性别	年龄	第一针时间	第二针时间	第三针时间	检测结果	加强针时间	检测结果
备注：								

保健医师：　　　　　　　　年　月　日

1.5 个体适配性测试记录表

<table>
<tr><td colspan="4">被测试人员：</td></tr>
<tr><td colspan="4">从事病原微生物：</td></tr>
<tr><td colspan="4">呼吸器型号及适合性：</td></tr>
<tr><td>防护面罩
N95 口罩</td><td>型号 3900
型号 1860
型号 8210
型号 8110S
FS9901-L 型
其他___________</td><td>适合度
适合度
适合度
适合度
适合度
适合度
适合度</td><td>□是 □否
□是 □否
□是 □否
□是 □否
□是 □否
□是 □否
□是 □否</td></tr>
<tr><td colspan="4">测试方法：</td></tr>
<tr><td colspan="4">测试者/测试日期：</td></tr>
<tr><td colspan="4">备注：</td></tr>
</table>

附录2　人员档案相关表格

2.1　人员技术业绩档案表

简　　历

第　页

姓名		性别		出生年月	
起止年月	学习或工作内容			学历/学位	职务/职称

人员技术业绩档案表

（　　　　年度）　　　　　　第　　页

<table>
<tr><td>姓名</td><td></td><td>课题组</td><td></td><td>负责人</td><td></td></tr>
<tr><td colspan="6">工作概述：（包括开展实验活动、安全管理、学术论文发表等内容）</td></tr>
<tr><td colspan="6">培训和考核情况：（内容、举办单位、培训时间）</td></tr>
<tr><td colspan="3">内容</td><td>举办单位</td><td>培训时间</td><td>考核情况</td></tr>
<tr><td colspan="3"></td><td></td><td></td><td></td></tr>
<tr><td colspan="3"></td><td></td><td></td><td></td></tr>
<tr><td colspan="3"></td><td></td><td></td><td></td></tr>
<tr><td colspan="3"></td><td></td><td></td><td></td></tr>
<tr><td colspan="3"></td><td></td><td></td><td></td></tr>
<tr><td colspan="3"></td><td></td><td></td><td></td></tr>
<tr><td colspan="6">培训证书：（证书名称、颁发单位）</td></tr>
<tr><td colspan="6">评估：

生物安全实验室主任：</td></tr>
</table>

2.2 人员培训记录表

姓名：

序号	培训内容	培训时间	培训方式

2.3　人员内部考核记录表

姓名：　　　　　　　　　　　　　　　部门：

序号	考核时间	考核内容	考核方式	是否合格	考核人

考核方式填写包括：笔试、口试、实际操作。

附录 3　实验室准备相关表格

3.1　供应商评价表

<table>
<tr><td>所购物品名称</td><td colspan="3"></td></tr>
<tr><td rowspan="2">供应商</td><td rowspan="2"></td><td>电话</td><td></td></tr>
<tr><td>联系人</td><td></td></tr>
<tr><td>质量水平</td><td colspan="3"></td></tr>
<tr><td>价格</td><td></td><td>交货信誉</td><td></td></tr>
<tr><td>服务质量</td><td colspan="3"></td></tr>
<tr><td>技术与管理基础</td><td colspan="3"></td></tr>
<tr><td>质量保证能力</td><td colspan="3"></td></tr>
<tr><td>结论</td><td colspan="3"></td></tr>
<tr><td>评价人</td><td></td><td colspan="2">年　　月　　日</td></tr>
<tr><td>批准人</td><td></td><td colspan="2">年　　月　　日</td></tr>
</table>

3.2 菌（毒）种使用申请表

<table>
<tr><td>项目组</td><td></td><td>项目负责人/签字</td><td></td></tr>
<tr><td>项目名称</td><td colspan="3"></td></tr>
<tr><td>菌（毒）种名称</td><td></td><td>菌（毒）种编号</td><td></td></tr>
<tr><td>危害程度分类</td><td>□ 一类 □ 二类
□ 三类 □ 四类</td><td>风险评估和 SOP</td><td>□是 □否</td></tr>
<tr><td>是否使用动物</td><td>□ 是 □ 否</td><td>使用动物种类</td><td></td></tr>
<tr><td>实验活动描述</td><td colspan="3">□ 病毒分离 □ 病毒培养 □ 大量活菌操作
□ 动物感染实验 □ 未经培养的感染性材料操作</td></tr>
<tr><td>使用起止时间</td><td colspan="3">年 月 日—— 年 月 日</td></tr>
<tr><td>进入生物安全实验室人员</td><td></td><td>是否参加培训</td><td>□是 □否</td></tr>
<tr><td>实验室管理部门意见</td><td colspan="3">负责人： 日期：</td></tr>
<tr><td>生物安全实验室主任意见</td><td colspan="3">负责人： 日期：</td></tr>
<tr><td>实验室安全委员会审核意见</td><td colspan="3">负责人： 日期：</td></tr>
</table>

3.3 实验室人员审批表

<table>
<tr><td>姓名</td><td></td><td>性别</td><td></td><td>年龄</td><td></td></tr>
<tr><td>技术职务</td><td></td><td>身体状况</td><td></td><td>培训证明人</td><td></td></tr>
<tr><td colspan="6">申请人声明：

申请人签名：
年　　月　　日</td></tr>
<tr><td colspan="6">项目负责人意见：

签名：
年　　月　　日</td></tr>
<tr><td colspan="6">生物安全实验室主任意见：

签名：
年　　月　　日</td></tr>
</table>

3.4 生物安全实验室使用申请表

<table>
<tr><td>项目组</td><td></td><td>项目负责人/签字</td><td></td></tr>
<tr><td>项目名称/IACUC号</td><td colspan="3"></td></tr>
<tr><td>使用起止时间</td><td colspan="3">年 月 日—— 年 月 日</td></tr>
<tr><td>是否使用动物</td><td>□是 □否</td><td>使用动物种类</td><td></td></tr>
<tr><td>实验涉及的病原微生物名称</td><td colspan="3"></td></tr>
<tr><td>进入生物安全实验室人员</td><td colspan="3"></td></tr>
<tr><td>实验室管理处审核意见</td><td colspan="3">风险评估和标准操作 □符合要求 □不符合要求
房间 □实验室 □小动物室 □大动物室 1 □大动物室 2
□同意使用 □不同意使用
负责人： 日期：</td></tr>
<tr><td>实验室安全委员会审核意见</td><td colspan="3">负责人： 日期：</td></tr>
<tr><td>后勤管理办公室</td><td colspan="3">负责人： 日期：</td></tr>
</table>

安全负责人：

生物安全实验室主任：

日期：

3.5 动物设施使用申请表

申请日期： 申请人： 联系电话：

<table>
<tr><td>项目组</td><td></td><td>项目负责人</td><td></td></tr>
<tr><td>项目名称</td><td colspan="3"></td></tr>
<tr><td>IACUC 号</td><td colspan="3"></td></tr>
<tr><td>动物设施种类</td><td colspan="3">□ 隔离器 □IVC □屏障</td></tr>
<tr><td>使用起止时间</td><td colspan="3"></td></tr>
<tr><td>拟使用笼位数</td><td colspan="3"></td></tr>
<tr><td>动物进入时间</td><td colspan="3"></td></tr>
<tr><td>进入动物房人员</td><td colspan="3"></td></tr>
<tr><td>项目负责人意见</td><td colspan="3"></td></tr>
<tr><td>实验室管理处意见</td><td colspan="3">负责人： 日期：</td></tr>
</table>

3.6　实验室意外事故记录表

<table>
<tr><td>时 间</td><td>年　月　日　时　分</td><td>地 点</td><td></td></tr>
<tr><td colspan="4">现场人员：</td></tr>
<tr><td colspan="4">事故描述：

记录人：
年　月　日</td></tr>
<tr><td colspan="4">处理情况：

安全负责人：
年　月　日</td></tr>
<tr><td colspan="4">生物安全实验室主任意见：

签名：
年　月　日</td></tr>
<tr><td colspan="4">生物安全委员会意见：

签名：
年　月　日</td></tr>
</table>

3.7 动物生物安全实验室自查表

检查项目		检查结果确认	备注
内务	一更用品	□良好 □有问题	
	二更用品	□良好 □有问题	
	走廊物品，垃圾	□良好 □有问题	
	墙面，地面卫生	□良好 □有问题	
	实验台面卫生	□良好 □有问题	
消毒灭菌	急救箱物品	□良好 □有问题	
	75%乙醇	□良好 □有问题	
	84 消毒液	□良好 □有问题	
	自动消毒喷淋	□良好 □有问题	
	化学指示卡，胶带	□良好 □有问题	
	废物高压灭菌是否及时	□良好 □有问题	
设施	进风粗过滤网	□良好 □有问题	
	初效过滤器	□良好 □有问题	
	中效过滤器	□良好 □有问题	
	高效过滤器	□良好 □有问题	
	电动风机及皮带传动系统	□良好 □有问题	
	空调水各阀门	□良好 □有问题	
	电气电路的安全	□良好 □有问题	
	门禁系统	□良好 □有问题	
	自控系统	□良好 □有问题	
	报警系统	□良好 □有问题	
	对讲系统	□良好 □有问题	
	照明系统（房间照明，动物照明，应急灯）	□良好 □有问题	
	变频器	□良好 □有问题	

续表

检查项目		检查结果确认	备注
设备	生物安全柜	□良好 □有问题	
	小鼠独立回风饲养系统（IVC）	□良好 □有问题	
	猴生物安全隔离器	□良好 □有问题	
	离心机	□良好 □有问题	
	单向流猴笼	□良好 □有问题	
	负压解剖台	□良好 □有问题	
	丘比特防护装置	□良好 □有问题	
	高压蒸汽灭菌器	□良好 □有问题	
	哈瓦特机组	□良好 □有问题	
	UPS 电源	□良好 □有问题	
	传真机	□良好 □有问题	
记录	人员进出记录	□良好 □有问题	
	初、中、高效过滤器更换记录	□良好 □有问题	
	仪器设备维修记录	□良好 □有问题	
	实验室运行记录	□良好 □有问题	

检查日期：　　　　　　　检查人员：

3.8 动物生物安全实验室安全检查表

检查人员：　　　　　　　　　　　　检查日期：

检查项目		检查结果	备注
人员、实验室管理	1. 是否有实验室管理制度和 SOP		
	2. 是否有门禁系统管理		
	3. 人员进出是否登记		
人员防护	1. 一更、二更防护用品是否齐备		
	2. 是否按照要求使用防护面具		
	3. 洗眼器使用是否正常		
	4. 急救箱药品是否在有效期内		
实验室卫生	1. 物品摆放是否整齐		
	2. 缓冲走廊的垃圾是否及时清理		
	3. 是否有个人物品		
	4. 人员是否在实验室内吸烟		
	5. 是否使用实验室冰箱存放食物等		
实验室安全	1. 消防通道是否堆放实验用品		
	2. 灭火器是否按规定摆放？是否有明确标识？		
	3. 钢瓶是否固定？		
	4. 电气设备的安装是否安全（电源和插座）？		
	5. 是否有易燃、易爆物品？存放是否符合要求？		
	6. 是否按要求贴有生物安全标识？		
	7. 危险化学品、菌（毒）种是否有专人管理（储存、销毁和转运）？		
废物处理	1. 利器是否放入利器桶？		
	2. 有害试剂处理是否符合要求？		
	3. 生物垃圾是否使用黄色垃圾袋？		
	4. 感染性物品是否及时高压灭菌处理？		
	5. 清场记录是否符合要求？		

续表

检查项目		检查结果	备注
仪器设备使用和维护	1. 高压锅使用记录是否符合要求，化学指示卡记录		
	2. 主要仪器设备是否有 SOP 和使用、维护记录		
	3. 安全柜使用、维护记录		
	4. 动物饲养设施使用、维护记录		
	5. 初、中、高效过滤器更换记录表		
	6. 生物安全实验室运行记录表		
其他问题			
整改措施和完成时间	实验室管理人员签字：		
整改完成情况	检查人员/日期：		

是√、否×、不涉及 NA

3.9 实验动物健康观察记录表

IACUC 审批号：　　动物种属及品系：　　房间及笼架编号：

精神、行为	□正常	□僵直不动	□昏迷虚弱	□异常兴奋
	□绕圈	□攻击性强	□咬同伴	□其他
饮水	□正常	□喝得多	□不喝	
食欲	□正常	□吃得多	□差	□完全不吃
毛发	□正常	□粗糙	□脱毛	□其他
皮肤	□正常	□皮屑	□外伤	□瘙痒
	□红斑	□溃烂	□其他	
呼吸	□正常	□流鼻涕	□流鼻血	□打喷嚏
	□咳嗽	□呼吸困难	□其他	
眼睛	□正常	□分泌物多	□红肿	□其他
外生殖器	□正常	□红肿	□分泌物多	□其他
粪便	□正常	□无粪便	□干燥	□稀便
	□血便	□其他		
其他				

观察人/日期：______________　　复核人/日期：______________

3.10　实验动物检疫期一般症状观察记录表

IACUC 审批号：　　　　动物种属及品系：　　　　动物数量：

日期	一般症状	日期	一般症状	备注

注：无异常可记录为“N”，异常情况详细记录，可记录在备注栏内，并记录症状出现的时间、程度、恢复时间。观察内容如下：

1 呼吸系统：1a 急促　1b 困难　1c 暂停　1d 缓慢　1e 流清鼻涕　1f 流黏稠白色液体

2 运动功能：2a 自发活动减少　2b 昏睡　2c 僵住　2d 运动失调　2e 俯卧　2f 震颤

3 眼检指征：3a 眼泪过多　3b 瞳孔缩小　3c 瞳孔扩大　3d 眼球突出　3e 上睑下垂　3f 血泪　3g 结膜浑浊

4 粪便：4a 干燥粪便　4b 稀便　4c 水样便

5 尿道：5a 红色尿　5b 尿失禁

6 皮肤、毛发：6a 红斑　6b 皮肤水肿　6c 皮疹　6d 毛竖起

7 唾液分泌过多

8 死亡：记录死亡的时间

9 其他异常症状

观察人/日期：＿＿＿＿＿＿　　复核人/日期：＿＿＿＿＿＿

附录4 审批流程

4.1 IACUC 审批流程

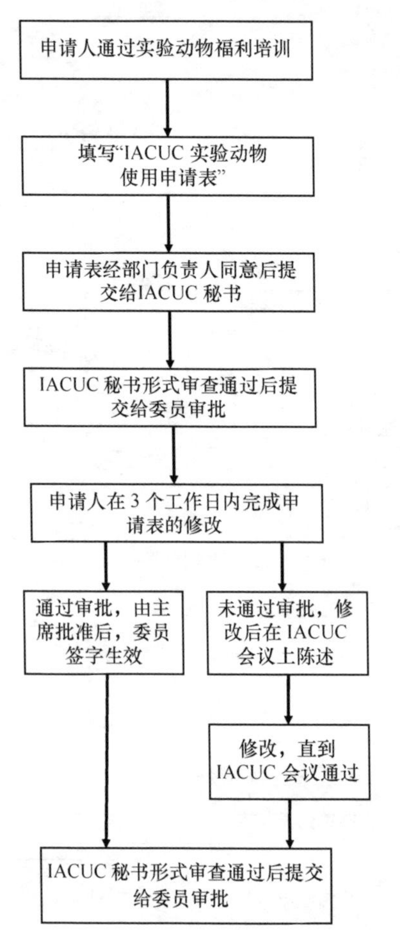

1）申请人应通过“实验动物从业人员培训系统”中“动物福利”的线上和线下培训，并获得证书。

2）申请人填写“IACUC 实验动物使用申请表”。

3）申请表经部门负责人同意后提交给 IACUC 秘书。

4）IACUC 秘书形式审查通过后提交给不少于3名委员审批。

5）申请人在3个工作日内根据委员的审批意见修改申请表，再次提交委员审批。

6）如修改后通过审批，由主席批准后，委员签字生效；如未通过审批，则修改后在 IACUC 会议上陈述，根据会上委员意见修改，直到 IACUC 会议通过。

7）IACUC 秘书将通过审批的申请表，由委员签字的交给申请者。

4.2 动物实验审批流程

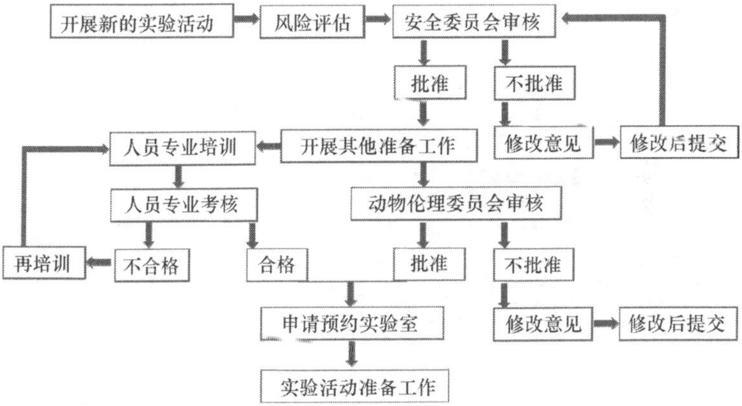

开展新的实验活动 → 风险评估 → 安全委员会审核
安全委员会审核 → 批准 / 不批准
不批准 → 修改意见 → 修改后提交 → 安全委员会审核
批准 → 开展其他准备工作
开展其他准备工作 → 人员专业培训 → 人员专业考核
人员专业考核 → 不合格 → 再培训 → 人员专业培训
人员专业考核 → 合格
开展其他准备工作 → 动物伦理委员会审核 → 批准 / 不批准
不批准 → 修改意见 → 修改后提交
合格、批准 → 申请预约实验室 → 实验活动准备工作

1）开展新的实验活动前需要根据实验内容进行风险评估。

2）如何做风险评估参见第一章和附录中“风险评估模板”。

3）提交安全委员会审核。

4）获得批准后准备其他工作，未通过需要根据修改意见修改后再提交申请。

5）根据实验室预开展实验进行人员的专业培训。

6）对人员进行专业考核，考核合格可以参与实验，不合格继续培训。

7）获得安全委员会批准后，涉及动物实验需提交动物伦理申请。

8）动物伦理申请程序参见 IACUC 审批流程。

9）获得批准后可以预约实验室为实验活动做准备工作，未获得批准根据修改意见修改后提交申请。

4.3 风险评估流程

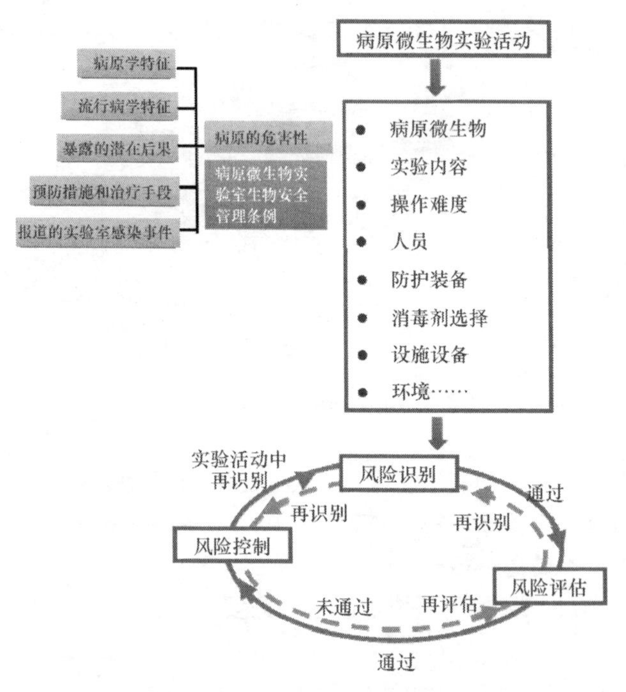

1）开展新的实验活动前需要根据实验内容进行风险评估。

2）如何做风险评估参见第一章和附录中“风险评估模板”。

3）评估的主要内容包括涉及的病原微生物、实验内容、操作、人员、环境等方面。

4）识别实验中的关键风险。

5）对风险的程度、发生频率等进行评估。

6）根据风险评估情况制定相应的风险控制措施，将风险控制在最低限度，确保人员和环境的安全。

7）如果风险评估不能通过安全委员会的审核，需要重新进行评估，制定更合适的风险控制措施以达到将风险控制在最低限度的目的。

附录 5　风险评估模板

病毒风险评估和风险控制文件

1.1　评估依据

1.1.1　概述

1.1.1.1　X 病毒的发现

1.1.1.2　X 病毒溯源

1.1.1.3　X 病毒基因组

1.1.1.4　X 病毒进化分析

1.1.1.5　X 病毒形态

1.1.1.6　X 病毒培养特性

1.1.1.7　流行特征

1.1.2　危害程度分类

1.1.3　自然宿主

1.1.4　X 病毒的致病性、传染性

1.1.4.1　传染源

1.1.4.2　传播力

1.1.4.3　易感人群

1.1.5　暴露的潜在后果

1.1.5.1　潜伏期

1.1.5.2　临床表现

1.1.6　自然感染途径

1.1.7　实验室操作所致的其他感染途径

1.1.8　X 病毒在环境中的稳定性

1.1.9 感染剂量

1.1.10 所操作微生物的量

1.1.11 动物实验数据

1.1.12 实验室感染报告和分析

1.1.13 拟开展实验室活动及可能产生的危害

1.1.13.1 临床标本的处理和检测

1.1.13.2 体外实验可能产生的危害

1.1.13.3 动物实验可能产生的危害

1.1.14 预防或治疗措施

1.1.14.1 预防

1.1.14.2 诊断和治疗

1.2.评估结论

1.2.1 各种实验活动的危害程度及其防护措施

1.2.2 感染控制与医疗检测方案

1.2.2.1 禁忌人群

1.2.2.2 实验室的症状监测

1.2.2.3 感染控制

1.2.3 特殊情况下的控制

1.3 支持性文件

概念和术语

风险识别（risk identification）：应根据现有的专业知识和经验对病原微生物实验操作各步骤可能造成的暴露、设施设备故障对实验室生物安全的影响、实验室生物安全管理系统中所存在的缺陷等进行识别，确认危险源和危险因素。

风险分析（risk analysis）：在风险识别的基础上，对危险源导致的风险进行分析。在进行风险分析时，应考虑实验人员或外环境中人群和生态系统（动物等）直接暴露于病原微生物的方式、强度、频率及时间等因素，还需考虑操作病原微生物的量及该病原微生物的感染剂量及其致病力，分析每个风险发生的可能性，如果数据充分可进行剂量-效应评估及严重性评估。

风险评价（risk evaluation）：风险评价的关键环节是针对所确定的风险进行评价。风险分析可包括定性、半定量、定量或组合式分析。因定量风险分析难度大，大多数实验室采用确认风险源、定性分析和评价的方式进行风险评估，可基本满足实验室生物安全防护的要求。

实验室生物安全事件（biosafety laboratory incident）：指病原微生物感染性材料在实验室操作、运送、储存等活动中，因违反操作规程或因自然灾害、意外事故、意外丢失等造成人员感染或暴露，和/或造成菌（毒）种或样本向实验室外扩散的事件。

应急预案（operating procedures for emergency response）：指面对突发事件如重特大事故、环境公害、自然灾害及人为破坏等，制定的应急管理措施、处置指挥方案、救援计划等。

个人防护用品（personal protective equipment, PPE）：是指在劳动生产过程中使劳动者免遭或减轻事故和职业危害因素伤害的个人保护用品，直接对人体起保护作用。

实验动物（laboratory animal）：广义的实验动物泛指一切用于科学实验的动物。狭义的实验动物是指经人工培育，对其携带的微生物和寄生虫实行控制，遗传背景明确或者来源清楚，用于科学研究、教学、生产、检定及其他科学实验的动物。

动物实验（animal experiment）：动物实验是指在实验室内，为了获得有关生物学、医学等方面的新知识或解决具体问题而使用实验动物进行的科学研究。该活动通常控制在动物专用实验室和特定场所。可分为感染性实验和非感染性实验两大类。动物实验必须由经过培训的、具备研究资质或专业技术能力的人员进行或在其指导下进行。

安乐死（euthanasia）：人道地终止动物生命的方法，最大限度地减少或消除动物的惊恐和痛苦，使动物安静地和快速地死亡。

仁慈终点（humane endpoint）：是指动物实验过程中，在得知实验结果时，选择动物表现疼痛和痛苦的较早阶段为实验的终点。

消毒（disinfection）：杀死物体上或环境中病原微生物的方法，但并不一定能杀死细菌芽孢或非病原微生物。通常用化学方法来达到消毒的作用。用于消毒的化学药物称为消毒剂。

灭菌（sterilization）：杀灭或者消除物体上所有微生物的方法，包括致病微生物和非致病微生物，也包括细菌芽孢和真菌孢子。灭菌常用的方法有化学试剂灭菌、射线灭菌、干热灭菌、湿热灭菌和过滤除菌等。

兽医师（veterinarian）：给动物进行疾病预防、诊断并治疗的医生。具体来说，兽医师是利用医学方法维护动物（包括野生动物、家禽、家畜、水生动物）健康，或制作人类疾病动物模型。

实验动物医师（laboratory animal veterinarian）：从事实验动物疾病预防、诊断和治疗、护理与动物福利相关工作的人员，他们不同于传统意义上的兽医师。

实验动物科学丛书

I 实验动物管理系列

实验室管理手册(8，978-7-03-061110-9)

常见实验动物感染性疾病诊断学图谱

实验动物科学史

实验动物质量控制与健康监测

II 实验动物资源系列

实验动物新资源

悉生动物学

III 实验动物基础科学系列

实验动物遗传育种学

实验动物解剖学

实验动物病理学

实验动物营养学

IV 比较医学系列

实验动物比较组织学彩色图谱(2，978-7-03-048450-5)

比较影像学

比较解剖学

比较病理学

比较生理学

V 实验动物医学系列

实验动物疾病(5，978-7-03-058253-9)

实验动物医学

VI 实验动物福利系列

实验动物福利

VII 实验动物技术系列

动物实验操作技术手册(7，978-7-03-060843-7)

动物生物安全实验室操作指南(10，978-7-03-063488-7)

VIII 实验动物科普系列

实验室生物安全事故防范和管理(1，978-7-03-047319-6)

实验动物十万个为什么

IX 实验动物工具书系列

中国实验动物学会团体标准汇编及实施指南(第一卷)(3，978-7-03-053996-0)

中国实验动物学会团体标准汇编及实施指南(第二卷)(4，978-7-03-057592-0)

中国实验动物学会团体标准汇编及实施指南(第三卷)(6，918-7-03-060456-9)

毒理病理学词典(9，918-7-03-063487-0)